云南财经大学博士学术基金全额资助出版

可信云服务评估及选择

杨　明　高提雷　姜　茸　解婉誉　著

科学出版社

北　京

内 容 简 介

本书围绕云服务的可信评估及服务选择两个方面的内容展开研究。主要内容包括：建立了云服务可信评估支撑体系，该体系由可信属性模型、可信证据以及可信分级所构成，为云服务的可信评估研究提供了重要保障；以云服务可信评估支撑体系为基础，通过交叉研究，提出了基于FAHP、风险矩阵、模糊熵等相关理论的可信性评估方法；基于马尔可夫链原理，建立了云服务的可信状态矩阵以及状态转移矩阵，实现了对云服务可信状态变化的预测评估；分析了当前市场关于云服务可信性描述的特点，为满足用户需求，提出了一种基于模型的可信评估结果表示方法；提出了一种面向用户的服务选择方法，该方法能够帮助用户根据自身应用场景进行服务选择；为规范云服务市场，提升云服务的可信性，针对云服务交易过程中的各角色进行了职能分析，并提出了相应的对策建议。

本书可供计算机应用、智能云服务等相关研究人员参考。

图书在版编目(CIP)数据

可信云服务评估及选择 / 杨明等著. —北京：科学出版社，2023.03
ISBN 978-7-03-069768-4

Ⅰ. ①可… Ⅱ. ①杨… Ⅲ. ①云计算-研究 Ⅳ. ①TP393.027

中国版本图书馆 CIP 数据核字（2021）第 185050 号

责任编辑：孟　锐/责任校对：彭　映
责任印制：罗　科/封面设计：墨创文化

科 学 出 版 社 出版
北京东黄城根北街16号
邮政编码：100717
http://www.sciencep.com

成都锦瑞印刷有限责任公司 印刷
科学出版社发行　各地新华书店经销

*

2023 年 3 月第 一 版　　开本：787×1092　1/16
2023 年 3 月第一次印刷　　印张：7 1/4
字数：172 000
定价：108.00 元
（如有印装质量问题，我社负责调换）

作者简介

杨明，男，1987 年 3 月生，云南财经大学信息学院硕士生导师、计算机应用研究所负责人、创新创业导师，博士，云南省"万人计划"青年拔尖人才。

主要研究方向为：云计算、信息安全、软件开发等。近年来，主持国家级项目 1 项，省部级项目 2 项，教育厅项目 1 项，校级项目 1 项；参与国家级项目 4 项，省部级项目 3 项，教育厅项目 3 项；以第一作者或通讯作者发表学术论文 20 余篇，其中 SCI 收录 5 篇，EI 收录 10 余篇；获得实用新型专利 3 项，软件著作权若干；曾获"昆明市科学技术进步奖""红云园丁奖""课堂教学优秀教师""优秀教师""工会积极分子""特瑞特明德奖教金"等各种奖项和荣誉 20 余项；作为指导教师，曾带领学生获中国大学生计算机设计大赛二等奖、云南计算机设计大赛一等奖、"互联网+"创新创业大赛省级铜奖等。

高提雷，男，1984 年 10 月生，理学(信息管理领域)博士，云南财经大学副教授，硕士生导师，中国计算机学会(CCF)会员。

近年来，主持云南省教育厅项目 1 项，校级项目 2 项；参与国家级项目 1 项，省级项目 2 项；以第一作者或通讯作者共发表学术论文 16 篇，其中 SCI 收录 2 篇，EI 收录 7 篇；获实用新型专利 1 项；获"优秀党务工作者""科学研究成果奖""课堂教学优秀教师""优秀教师""大学生就业创业工作先进个人""工会活动积极分子""特瑞特明德奖教金"等各种奖项和荣誉 20 余项；带领学生获中国大学生计算机设计大赛二等奖、云南计算机设计大赛一等奖。

姜茸，男，1978 年 2 月生，云南财经大学智能应用研究院副院长、博士生导师、特聘教授，教授、理学博士(计算机领域)、经济学博士后，云南省"万人计划"产业技术领军人才，云南省有突出贡献优秀专业技术人才，享受云南省政府特殊津贴专家，云南省中青年学术和技术带头人，云南省优秀教师，云南省服务计算与数字经济创新团队带头人，云南省高校新兴信息技术与跨境数字商务科技创新团队带头人，云南省高校服务计算与安全管理重点实验室主任，昆明市信息经济与信息管理重点实验室主任。

解婉誉，女，1987 年 1 月生，昆明冶金高等专科学校讲师、理学硕士(计算机领域)。主要研究方向为信息管理、软件开发，主持省部级项目 1 项，在相关研究领域内共发表论文 10 余篇，其中 SCI 收录 2 篇，EI 收录 4 篇；获得实用新型专利 1 项，软著 1 项。

前　言

　　面对数量庞大但质量参差不齐的云服务时，如何从中选择一个可信且满足应用需求的服务成为当前云服务研究的重要问题。为此，本书围绕云服务的可信评估及服务选择两个方面的内容展开了研究。主要内容包括：①建立了云服务可信评估支撑体系，该体系由可信属性模型、可信证据以及可信分级所构成，为云服务的可信评估研究提供了重要保障。②以云服务可信评估支撑体系为基础，通过交叉研究，提出了基于 FAHP、风险矩阵、模糊熵等相关理论的可信性评估方法。③基于马尔可夫链原理，建立了云服务的可信状态矩阵以及状态转移矩阵，实现了对云服务可信状态变化的预测评估。④分析了当前市场关于云服务可信性描述的特点，为满足用户需求，提出了一种基于模型的可信评估结果表示方法。⑤提出了一种面向用户的服务选择方法，该方法能够帮助用户根据自身应用场景进行服务选择。⑥为规范云服务市场，提升云服务的可信性，针对云服务交易过程中的各角色进行了职能分析，并提出了相应的对策建议。

　　除此之外，在整个研究的过程中，作者还穿插介绍了许多相关的基础理论和研究方法，包括：云计算的服务模式、云服务的可信性特点、信息熵理论、FAHP 方法、模糊熵理论、风险矩阵法和马尔可夫链理论等。为读者梳理了这些相关理论，并将这些理论融入云服务的可信研究中进行了举例分析，从不同的角度重新描述了云服务的可信性，论述了不同方法的特点。

　　本书的研究得到了国家自然科学基金(No.72261033)、云南省基础研究重点项目(No.202001AS070031)、云南省基础研究面上项目(No.202101AT070211、No.202201AT070142)的支持，得到了云南财经大学博士学术基金的全额资助，在此表示感谢。

　　本书的创作除已列出的作者外，还得到了廖鸿志教授、杨棣教授的指导和帮助，得到了段任、张涛、张迪老师的支持，感谢他们对本书创作所做出的贡献。相关部分研究工作得到了何金育女士和樊腾阳女士的帮助，感谢她们。

　　由于写作时间和水平有限，书中难免存在疏漏之处，敬请读者批评指正。

著　者

2023 年 1 月于云南财经大学

云南省服务计算重点实验室

昆明市信息经济与信息管理重点实验室

目　　录

第1章 绪 论

2019 年 7 月,国家互联网信息办公室、国家发展和改革委员会、工业和信息化部以及财政部等四个部门共同发布了《云计算服务安全评估办法》的公告,旨在提高国内云计算服务安全的可控水平。在《中共中央关于制定国民经济和社会发展第十三个五年规划的建议》中,也明确提出实施网络强国战略以及与之密切相关的"互联网+"行动计划,强调要将云计算等相关应用及其安全性能提升至世界领先水平。

2021 年 3 月,《中华人民共和国国民经济和社会发展第十四个五年规划和 2035 年远景目标纲要》正式发布。纲要中指出要加快云操作系统迭代升级,推动大规模分布式存储、弹性计算、数据隔离等技术创新,旨在提高云安全水平。

由此可见,云安全问题一直是一个备受关注的重点问题。为了提高云计算服务的安全性,国家倡导以混合云为重点培育行业解决方案、系统集成、运维管理等云服务产业。正因如此,在国家战略和相关政策的支持下,云计算技术及其应用得以快速发展,其庞大的市场为用户提供着多样化的服务,诸如数据存储、安全监测、位置导航、消息推送、身份验证等各式各样的应用服务。几乎每一个与互联网密切相关的企业或是个人都深知"云"的概念,为了方便快速地进行开发或集成,越来越多的用户开始选择使用阿里云弹性计算服务(elastic compute service,ECS)、百度云服务器(Baidu cloud compute,BCC)、腾讯云服务器(cloud virtual machine,CVM)等平台所提供的计算资源,包括基础设施即服务(infrastructure as a service,IaaS)、平台即服务(platform as a service,PaaS)和软件即服务(software as a service,SaaS)等,呈现出"一切皆服务"(X as a Service,XaaS)的趋势[1]。然而,在这些功能相似的云服务中却充斥着各种不可信问题,用户在进行筛选时如若不慎选择了一些存在可信问题的服务,将会给自身或是企业带来严重的安全问题。因此,如何在体量巨大的云服务市场中选择功能合适的服务,并保证其可信性,成为现阶段云服务可信研究的关键。

云服务市场作为一个多方交互的庞大市场,一直存在"可信危机"。这些"可信危机"不仅来自服务本身,也可能源于售卖的云平台、用户自身的管理不当,或是服务提供商,所产生的影响将直接威胁到具体应用的正常运作,乃至个人隐私或组织机密的安全性,所导致的经济损失将是不可预估的。但是,云服务本身使用简单、价格低廉、管理轻松、功能强大的特点,又对用户具有强大的吸引力,能够帮助用户实现利益的最大化。而为了实现利益的最大化,大多数不具备专业知识的用户,在进行云服务的选购时,通常都会倾向于选择一些成本低廉的服务,而忽略了对该产品质量的考证。即使有心观测其可信性,在当前市场缺少第三方公证的前提下,用户也只能通过服务商或是平台提供的 QoS(quality of service,服务质量)参数进行简单的经验判定,而整个服务的可信性完全是未知的。要解决这一问题,就必须对云服务进行有效的评估,并将评估结果准确地呈现给用户以供参考。

除了对服务的可信性进行评估以外,如何进行服务的选择也是一个重要的研究方向。

目前大多数的研究都聚焦于服务的可信评估上，而侧重于云服务选择的研究甚少。当前的服务选择方法主要依赖于服务商所提供的 QoS 参数，但是这些参数大多数是由服务提供商自身所给定，本身就存在不可信的问题，作为用户服务选择的参考并不合适。对此，也有其他的学者提出了基于同行用户反馈评价或是第三方监测数据的服务选择方法，但是这些方法或过于专业化，或在构建相应监测环境时所需要的成本较高，或要求大量历史数据，导致服务选择不易开展。另外，由于现阶段站在用户角度进行服务选择的研究较少，大多的可信参考结果都是在典型的环境下进行评估所得，与用户具体的应用场景存在差异。这就造成在实际的服务选择过程中，用户只能参考服务商或是第三方机构给出的评测结果，但是这些评测结果却并不能反映在用户具体应用场景下该服务的可信性。

综上所述，在云服务的可信评估和选择方法研究上还存在许多问题。因此，为了提高云服务安全的可控性，针对这些问题，本书展开了对云服务的可信评估和选择方法的研究，最终为用户提供一系列相关的服务评估和选择方案，并为云服务交互过程中各角色的管理和监督提供切实可行的相关对策及建议。

1.1　云服务可信研究的价值及意义

1. 提升云服务可信水平是国家战略的需要

自"云"的概念诞生起，云计算技术及其相关服务应用就备受国家关注。在我国的"十二五""十三五""十四五"规划中，都曾提及要加强推动云计算等相关应用，并提升其安全性能。

提升云服务的可信性，加强对云服务的安全可控，能够更好地契合国家网络空间安全的发展需求，促进我国数字经济的发展，进而实施网络强国战略。研究云服务的可信性，推动以云计算为代表的信息技术变革，是时代发展的需求，也是强国战略的重要组成部分。

2. 保证云服务的可信性是云计算市场的必然要求

在数字化水平日新月异的今天，"云"的概念深入人心。对于涉及 IT 领域的个人或是企业而言，脱离了"云"的支持，也就意味着在发展中失去了竞争力。

从"云"最底层的基础设施即服务(如 CPU、内存、存储、网络等基础设施硬件)、平台即服务(如数据库、操作系统、虚拟服务器等)到顶层的软件即服务〔如客户关系管理(customer relationship management，CRM)软件、企业资源计划(enterprise resource planning，ERP)软件、FTP 服务器(file transfer protocol server)等〕，每一层都为广大用户提供了丰富的计算资源，其按需索取的特性为用户带来了极大的便捷。但是，由于技术的革新、管理的不当或是具体应用环境的影响，都导致了云服务可信问题的产生，威胁到了整个云计算市场的安全。因此，保证云服务的可信性，是维持云计算市场良性发展的重要支撑。

3. 云服务的可信问题是制约云计算应用发展的关键问题

根据高德纳咨询公司(Gartner Group)、国际数据合同(International Data Corporation

IDC)、优利系统公司(Unisys)等著名机构的全球调查[2]，结果显示几乎有 70%以上的用户都一致认为安全问题是阻碍云计算应用发展的关键问题。其中云服务的可信问题则是云计算安全研究的主要问题之一。

由于云计算的可信性充满着不确定性，对用户的隐私安全构成了潜在的威胁，因此绝大多数的用户都不考虑选择采用云服务。近年来，随着市场的规范，已有不少用户开始在一些正规云平台市场选择云服务。但是在选择服务时，大多数用户通常只是参考由服务商或是平台商所提供的可信性评估结果，在缺乏管理经验和实际操作的情况下，在具体应用过程中时常会产生一些突发的可信问题。由于"云"的距离，这些突发的问题在得不到及时解决的情况下，通常导致用户对云服务商或是平台的不满，在一定程度上制约了云计算应用的发展。因此，可信问题(即信赖问题)如果得不到用户的信任，云计算服务的推广将在很大程度上受限。

4. 可信评估能够帮助用户合理选择云服务并实现价值最大化

虽然目前已有不少关于云服务可信性评估方法的研究，但是这些研究仍然存在许多亟待解决的问题。例如，评估输入数据的真实性问题、评估结果的可读性问题、评估所需的成本问题、评估结果的客观性问题等。从评估前的准备，到评估中，再到评估结果的展示，这一系列过程中都会产生对可信评估的影响因素，导致评估结果不具备参考价值或是与实际应用情形存在较大差异，造成用户不能合理地选择适合自身应用场景的服务。只有选择了可信的云服务，并有效地进行服务组合，才能实现应用价值的最大化，而这些都取决于用户在选择相关服务时能够得到合理的可信评估结果。

1.2　研究内容简介

围绕云服务的可信性评估和选择，本书从评估前的模型建立、评估方法的研究、评估后结果的展示，到最后面向用户的服务选择，展开了一系列的研究，相关内容如下所述。

1.2.1　云服务的可信评估体系研究

云服务的可信评估体系是本书研究的基础，只有建立一个属性完善、层次清晰、分解规范、证据充分的评估体系，才能保证整个评估的有效性和合理性。对此，本书针对云服务的可信属性、可信证据和分级规范分别展开了分析。

1. 云服务的可信属性模型

可信属性模型主要是为度量提供指标、类别及结构，帮助实现多维度、多层次的度量研究。对此，本书按照如下顺序依次展开了研究：通过讨论定义要进行评估的风险类；通过文献梳理，建立影响云服务可信性的风险指标集；针对每个类别，通过案例分析和专家访问，梳理类与指标间的关系。最终建立一个指标完善、层次清晰的可信属性模型。

2. 云服务的可信证据模型

云服务的可信证据模型，主要是为可信性的度量、分级提供依据。对此，本书将针对每一个风险属性分别展开论述，结合模糊理论去描述该属性，从而建立与之对应的风险证据模型。

3. 云服务的可信分级规范

分级规范主要是为可信性的度量和分级提供一个量纲或标准。对此，本书将专门为服务的可信性制定一个用于专家打分的隶属等级表，通过风险证据，将服务的可信性归纳到一个相应的等级，用量化的数值描述各指标的可信性，同时为评估的结果提供参考标准。

1.2.2　云服务可信评估方法研究

1. 云服务可信性的度量

可信度量是评估的前提，只有将经验性的分析提升到定量的层次，通过数据的对比，才能更准确地描述云服务的可信性，为用户提供更准确的评估结果。为了能够提升云服务可信评估的客观性和准确性，本书将首先展开对云服务可信性的度量研究，并提出有效的可信度量方法。

2. 云服务的可信环境模拟

云服务的可信评估需要建立在属性模型的基础上，一个评估结果是否客观、准确，很大程度上取决于评估的过程。但是通常的评估分析，往往在评估的过程中忽略了实际应用场景对云服务可信性的影响，而只以静止的模型为依据展开整个评估工作，这样的评估仅能称为"静态"的评估。通过这种评估模式所得到的结果，只能够反映某一时刻、某一特定状态下云服务的可信性。

因此，为了能够实现对云服务可信性更为客观的评估，本书将根据云服务的特点，用数学的形式描述其随机可信状态，即模拟实际应用场景下云服务的可信环境，为云服务可信性的客观评估提供一个模拟的环境。

3. 云服务可信性的动态评估

通过数学的方法模拟云服务的随机可信环境后，本书将在此基础上进一步结合相关方法展开对云服务可信性的动态评估。该评估研究不同于传统以模型为依据的"静态"评估，需要能够动态地分析云服务的可信性，描述云服务多个随机状态的可信性变化。

1.2.3　可信评估结果表示方法研究

评估结果是展示给用户的最终结果，是关于云服务可信性的最直接的显示数据。一个有效的评估结果，应该具有可视性、可比性和易读性等特点。

1. 评估结果的可视性

可视性是指最终的评估结果要能够让用户一目了然地看到关于某服务可信性的评估数据。本书将重点探索如何有效地表示云服务的动态可信性，最终提供给用户一个可视化的动态评估结果。

2. 评估结果的可比性

评估结果的主要价值，就是帮助用户选择一个可信性较高的云服务。在面对大量的云服务时，用户要能够通过评估的结果，将两两服务进行定量的比较，从而选择一个更适合自身应用的、可信性较高的服务。因此，本书还将探索如何提升评估结果的全面性和可比性，从而帮助用户进行两两服务的比较。

3. 评估结果的易读性

为了提升评估结果的易读性，本书所给出的结果表示方法，将专门配套一个用于参考的模型和简单易懂的分级说明。一方面借助模型，为用户展示每一个可信指标、每一个维度或是层次上的可信评价结果；另一方面，通过分级说明帮助用户理解评估结果的含义。

1.2.4　云服务服务选择方法研究

在提出了动态评估方法后，紧接着是可信服务选择方法的研究。本书对于该方法的研究，重点强调"面向用户"，即站在用户的角度提出一种有效的服务选择方法。该方法能够帮助用户根据即将投入的应用场景特点，合理地进行服务选择。为了帮助用户合理地进行选择，本书提出"要让用户能够参与到具体云服务的可信评估过程中"。

对此，本书将制定一个标准的用户问卷调查表，让用户在进行服务选择时根据自身应用进行填写，从而根据用户的输入、结合预先设立的转换准则，用数学的形式描述用户实际的应用场景，最终将该场景代入到具体云服务的可信评估过程中进行评价，形成面向该用户的、专门的可信评估结果。

1.2.5　云服务管理对策及建议

通过一系列的研究后，本书将依据所得到的研究结果，围绕整个云服务从上架、交易到实际应用的整个交互过程展开分析，为整个过程中涉及的各职能角色提供合理的管理对策及建议，包括服务商的管理对策建议、应用商的管理对策建议、平台商的管理对策建议、用户的选择须知和管理对策建议等。为各职能角色提供合理的对策建议后，本书还为未来云计算市场的规范化提出了一个多方合作、相互监督的协同管理模式。

1.3　研究成果

(1)模糊层次分析法(fuzzy analytic hierarchy process，FAHP)、信息熵和马尔可夫链的

理论融合。FAHP 通过模糊理论，能够将经验性的分析提升到定量的层次，同时 FAHP 的方法在评估过程中能够有效减少人为主观因素对评估结果的影响；信息熵具有对不确定性事物进行分析的优势，能够对抽象的概念进行分析；而马尔可夫链则适用于随机过程的分析。为了能够有效度量云服务的可信性，并展开对其随机可信状态的研究，本书将三种理论进行融合，交叉运用到云服务的可信性研究中，做到理论的创新，为云服务的可信评估研究提供了新的思路和方法。

(2) 完善的云服务可信性评估体系。本书为云服务的可信评估提供了一套完善的评估体系，该体系由可信属性模型、证据模型和可信分级规范共同构成，三者相辅相成为云服务的可信评估提供了更多的评估角度，为云服务的可信评估研究提供了重要支撑。

(3) 提出了有效的可信性动态评估方法。本书提出了"动态评估"的观点，拟建立云服务的随机可信工作状态模型，并结合相关方法针对其随机状态展开动态评估。该研究较之"静态的评估"更能够反映具有随机过程的云服务可信性，是对云服务可信评估方法的一种研究创新。

(4) 提出了面向用户的服务选择方法。为了缩小评估结果与云服务实际执行情况之间的差异，在评估的过程中与用户实际场景的结合，提出了一种用户可参与的服务评估和选择方法，使用户由"被动"转"主动"，做到了模式的创新。

1.4 研究路线及组织结构

本书围绕云服务的可信评估和选择展开了一系列的研究，整个研究框架如图 1-1 所示。本书各章内容如下。

第 1 章 绪论。本章阐述了全书研究的背景、意义，介绍了本书的主要研究内容，论述了整个研究的主要成果，并在章节最后介绍了本书的整体组织结构及各章节内容。

第 2 章 相关理论及研究方法介绍。本章详细介绍了与云服务可信研究相关的基础理论和研究方法，主要包括云服务及其模式、云服务的可信性定义、信息熵理论、模糊熵理论、FAHP 方法、马尔可夫链原理等，为云服务的可信理论学习和研究提供了参考。

第 3 章 国内外研究综述。本章以云服务的可信评估和选择方法为主要内容，通过文献查阅和调研分析，针对国内外的相关基础理论进行了综述，总结了云服务可信评估各阶段需要处理的问题，论述了相关服务选择方法的特点及问题，最终阐明了本书拟解决的关键科学问题。

第 4 章 云服务可信评估支撑体系。本章阐述了云服务可信评估体系的必要性及重要性，围绕云服务的可信属性及其分级从不同层次、不同维度展开了讨论，最终提出了一套由可信属性模型、可信分级和可信证据共同构成的云服务可信评估支撑体系。

第 5 章 基于 FAHP 和风险矩阵法的云服务可信性评估。本章立足于所提出的云服务评估支撑体系，根据 FAHP 针对云服务的可信性进行了权重赋值，在此基础上结合风险矩阵法针对云服务的可信性进行分级，最终提出了一套基于信息熵和风险矩阵法的云服务可信评估方法，并将该方法代入到了具体案例中进行了分析。

第 6 章 基于模糊熵的云服务可信性研究。本章论述了在长期运营状态下实际应用对云服务可信状态的影响,提出要结合模糊理论展开对云服务的可信性评估。对此,本章围绕所提出的可信评估体系,基于模糊熵理论针对云服务的可信环境进行了描述,并定义了云服务的可信状态模糊集及其隶属度函数,用数学的形式实现了对云服务可信性的模糊综合评估。

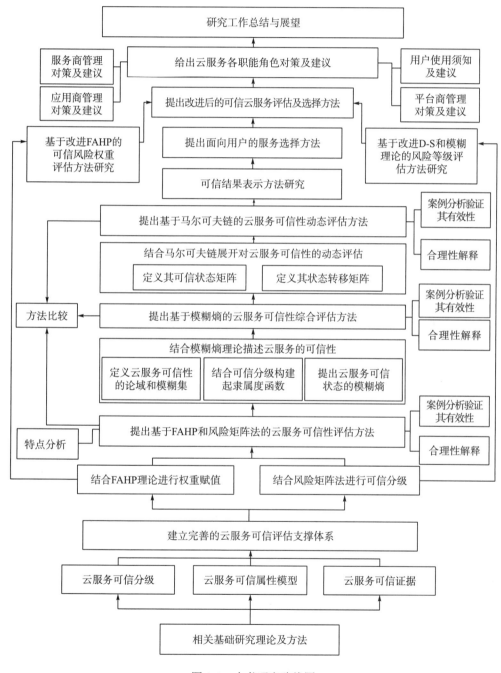

图 1-1   本书研究路线图

第 7 章　基于马尔可夫链的云服务动态评估。本章在模糊综合评估的研究结果基础上，基于马尔可夫链理论，提出了云服务的可信状态矩阵及其状态转移矩阵，实现了对云服务可信性的动态评估。最后，本章将该方法代入到了具体的案例中进行了分析，并论述了该方法的优势及合理性。

第 8 章　可信评估结果的表示方法研究。本章阐述了云服务可信评估结果表示方法的特点，强调了评估结果对服务选择的重要影响，并站在用户的角度论述了用户在进行服务选择时对评估结果的需求。最后，本章结合所提出的云服务的可信属性模型和分级规范，提出了一种可视化的、用户易懂的、能够进行服务比较的评估结果定量表示方法。

第 9 章　面向用户应用场景的云服务选择研究。本章提出要将用户应用场景代入到云服务的可信评估中，即根据实际的用户应用场景展开对云服务的可信性动态评估，从而为用户提供一个更客观的评估结果。对此，本章以问卷的形式制定了专门的转换规则，负责将"用户的问卷回答"转换成对应的"可信状态转移矩阵"，从而结合所提出的动态评估方法，实现对该云服务的有效评估，帮助用户合理选择适合自身应用的云服务。

第 10 章　基于改进 FAHP 的可信风险权重评估方法研究。本章论述了之前所提出的 FAHP 权重评估方法存在的不足，并进行了改进。首先，在保障评估结果准确性的前提下，为了提高权重评估的效率，本章继承了 FAHP 方法的优势。其次针对一般 FAHP 方法在判断矩阵构建过程中存在的问题，本章结合模糊一致矩阵的构建方法进行了改进，提出了有效的风险权重评估和变权方法。最后，将该方法代入到相关案例中进行了分析，结果说明该方法能够有效解决一般 FAHP 方法在评估中存在的问题。

第 11 章　基于改进 D-S 和模糊理论的可信风险等级评估方法研究。本章论述了风险等级评估过程中专家意见不统一的问题。针对该问题，本章提出保留各专家的意见，将不同专家的评估数据视为有效的证据，提出了有效的 D-S 理论风险等级评估方法。另外，为了向用户提供直观、有效的风险等级评估结果，本章还结合模糊理论提出了有效的可信风险等级表示方法。

第 12 章　改进后的可信云服务评估及选择方法。本章阐述了改进后可信云服务评估及选择方法的实施过程，针对不同需求所需的评估输入和输出数据进行了说明，总结了该方法实现的功能和效果，并分析了方法存在的不足。

第 13 章　可信云服务的管理及对策建议。根据云服务市场的特点，结合本书的研究，本章总结了当前云服务管理存在的问题。为了有效提高云服务的可信水平，推动云服务的应用，本章分别从服务提供商、用户、平台商和应用商多个角度对云服务的管理提出了建议，并提出了一种由多方合作的云服务管理及相互监督模式。

第 14 章　结论与展望。本章梳理了全书的研究路线，针对全书的研究内容进行了回顾，总结了所提出的各项研究理论。最后，本书再次强调了云服务可信研究对于云计算发展的重要作用，并围绕今后云服务发展的需求及其应用特点，对未来云服务的可信性研究进行了展望。

第 2 章　相关理论及研究方法介绍

本章介绍云计算的三种服务模式及其可信性特点，并介绍本书所采用的几个主要研究方法和理论。

2.1　云服务及其特点

2.1.1　云服务模式

云服务器是一种具有按需计算、简单高效特点的可弹性伸缩的计算服务，它能够方便个人或是企业用户进行快速开发和集成。云服务是一种计算资源，不只是传统意义上的应用程序接口(application programming interface，API)或服务软件。它能够提供给用户的计算资源多种多样，大致可以分为 3 种模式，分别是以提供基础设施服务为主的 IaaS 层、提供平台服务支持为主的 PaaS 层，以及提供各类软件服务为主的 SaaS 层，如图 2-1 所示。

图 2-1　云服务的三种模式

1. IaaS 模式

IaaS(infrastructure as a service)，即基础设施即服务，也称为 hardware as a service。IaaS 把 IT 基础设施作为一种服务通过网络对外提供，并根据用户的实际使用量(如租赁时间、占用内存、存储大小、网络带宽)等进行计费。

优势：IaaS 服务具有高度的扩展性，允许用户根据自身需求进行按需购买或租赁，而不必购买全部的硬件。它能够为用户节省购买硬件设施的开销，帮助用户轻松实现存储、网络和计算能力的合理部署。

案例：阿里云的 ECS 服务器、GPU 服务器、云硬盘等。

2. PaaS 模式

PaaS(platform as a service)是一种分布式平台即服务，其理念是将计算资源以平台服务的形式提供给用户，为用户提供从设计、开发、测试到最终应用托管所需的相关平台。

优势：PaaS 服务为用户提供了一系列的开发工具、应用和测试环境，使开发变得简单，降低了开发人员对应用程序部署的要求。利用 PaaS 所提供的服务，开发人员能够进行快速开发和应用程序部署，所租赁的开发工具和应用环境都能得到及时的自动维护和更新。

案例：阿里云的视频直播平台、云数据库、微软的云操作系统(Microsoft Azure)、谷歌计算引擎(Google compute engine)等。

3. SaaS 模式

SaaS(service as a service)将应用软件作为一种按需租赁的资源提供给用户，是云计算市场中企业用户最青睐的一种服务模式。当用户选择某应用程序后，将软件的开发、管理、部署都交给第三方，不需要关心技术问题，无需客户端或下载安装，直接通过 Web 浏览器就能正常运行。

优势：SaaS 服务为用户提供了大量正版授权、运行稳定的应用软件。它允许用户随时随地通过 Web 端进行操作，减少了用户安装、维护和升级软件等烦琐任务所花费的时间和金钱。

案例：CRM(客户关系软件)、ERP(企业资源计划软件)、谷歌应用(Google Apps)、腾讯会议服务等。

2.1.2 云服务的可信性特点

(1)种类繁多，存在多个层面的可信问题。由上所述，可见云计算所提供的服务类型繁多，其特殊的三层服务模式，也导致其安全问题存在于不同层面，这就造成云服务的安全问题难以管控，存在诸多的不确定性。

(2)职能角色多，存在多方的可信问题。除此之外，云服务的设计、上架、交易、应用和管理还涉及多个职能角色，包括服务本身的提供商、上架的平台商、应用商和最终用户等。从其上架到最终的应用过程，任何一方的处理不当或是信任问题，都将造成云服务的可信问题。

(3)受到法规、环境和人为因素的影响。作为一种按需付费的资源，云计算在交易的过程中需要签署相应的协议。在协议中，如若没有合理地进行责任归属判定、没有明确双方的权限能力，则该服务的使用将会存在较大的可信问题；而在具体的应用环境中，硬件损坏、自然灾害、使用场景等也会给云服务的安全性带来影响，导致云服务的运行存在可信问题；另外，终端用户的安全意识、服务商本身的可信性、应用的管理措施等，都是影响云服务可信性的重要人为因素。

综上所述，云服务的可信问题来源于多个层面、多个角色，包括技术方面的影响、管理措施的影响、应用环境的影响、法律法规影响和人为因素影响等。

2.2　云服务的可信性定义及其属性模型

建立一个完善的云服务可信属性集，才能保证云服务可信性及其评估的准确性。但是随着云计算技术的发展，关于可信性的定义及其属性模型的定义也在不断发生改变，如表 2-1 所示。

表 2-1　云服务可信性定义及其属性指标相关研究

参考出处	可信性定义及其属性研究	时间
Amoroso 等[3]	将软件可信性定义为安全性和可靠性	1994
TCG[4]	指出一个实体若总是朝着预期的目标发展则该实体是可信的，并认为可信包含可鉴别性、完整性和私有性等三个属性	2001
Howard 和 Leblanc[5]	站在产品角度，认为可信应具有安全性、私密性、可靠性和商务完整性等内容	2001
Schmidt[6]	将可信定义为可靠性、防危性、鲁棒性、可用性、安全性的集合	2003
陈火旺等[7]	将软件可信性定义为可靠性、防危性、安全性、可生存性、容错性、实时性	2003
Architcetures[8]	指出可信属性包含安全性(保密性，完整性，可认证性，授权访问，可审计性)、可靠性(容错性)、性能(时间效率，空间效率)、可存活性	2004
Avizienis 等[9]	提出了可信属性模型的概念，并在该模型中将可信属性分别划分为完整性、可用性、防危性、机密性、可靠性以及可维护性等	2004
ISO/IEC[10]	将可信定义为：参与计算的组件、操作或过程是可预测的，并能够抵御一定程度的干扰	2005
王怀民等[11]	将可信划分为身份可信、能力可信、行为可信三个维度	2006
Shen 等[12]	提出"可信≈可靠+安全"的概念	2007
刘克等[13]	将软件可信性描述为软件行为和结果满足用户预期的能力	2008
Safonov[14]	将可信概括为易用性、安全性、隐私性、可靠性、可维护性	2008
顾鑫等[15]	认为可信的概念应包括：正确性、可靠性、安全性、可用性、效率等	2011
罗新星等[16]	在 ISO/IEC9126 模型基础上，将可信划分为了包含 6 个一级属性和 19 个二级属性的层次模型，建立了较为全面的可信属性层次模型	2015
沈昌祥[17]	提出"可信 3.0"的概念，认为解决可信问题应建立一个专门的第三方可信系统，为相关应用提供可信支撑。它既不同于只考虑软件可靠性的"可信 1.0"，也不同于被动可信的"可信 2.0"(软件的可信度取决于开发商的可信性)，应充分考虑来自多方的可信因素	2018
Yang 等[18]	将可信定义为广义可靠性、广义安全性、身份可信、基本标准可信、能力可信	2019

从以上关于可信定义及其属性的研究可以看出，不同的学者在讨论可信问题时具有不同的视角。这些研究结果对于本书可信研究有着重要的参考价值，下面总结这些研究成果。

2.3　研究方法及理论

本书的研究建立在理论研究的基础上，涉及软件工程、信息论、数理统计和系统科学等领域，包含安全理论和应用模型的分析，属于多学科的交叉研究。在整个的研究过程中，涉及几个重要方法和理论，这些方法理论在许多领域都已得到成熟的应用，各有特点，对于本书后续的方法研究有着重要的支撑作用。

2.3.1　FAHP

模糊层次分析法(fuzzy analytic hierarchy process，FAHP)是美国运筹学教授 T.L. Saaty 所提出的一种系统分析方法[19]，它对层次分析法(the analytic hierarchy process，AHP)进行了改进，在 AHP 的基础上引入了模糊理论，提高了决策可靠性，更适用于针对多目标事务的决策分析和评价。

1. FAHP 的层次结构

其层次结构和计算步骤与 AHP 基本一致，如图 2-2 所示。

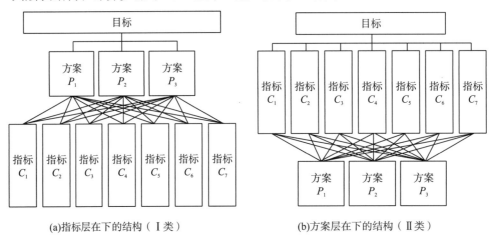

(a)指标层在下的结构（Ⅰ类）　　　　　　　　　(b)方案层在下的结构（Ⅱ类）

图 2-2　FAHP 的层次结构图

FAHP 同样包含 3 个层次，分别为目标层(target layer)、指标层(index layer)和方案层(solution layer)。根据研究需求的不同，可以将其层次结构划分为两种类型，图中Ⅰ类指标层在最底端，侧重于对底层指标权重的分析，能够帮助决策找到影响目标的最关键因素；而Ⅱ类方案层在最底端，侧重于对方案层的权重分析，能够辅助决策选择最优的方案。

其中：

(1)目标层是研究的主题或决策的目标，它是整个 FAHP 研究的顶层目标。

(2)指标层由影响决策目标的相关因素所构成。根据 FAHP 进行计算，能够得到各指标相对于目标的权重排序。

（3）方案层由"与决策相关的解决方案"所构成，即为实现目标而拟采用的决策方案。根据 FAHP 进行计算，能够得到各方案相对于目标的权重排序，从而辅助决策，通过定量的比较选择最优的方案。

2. FAHP 的计算步骤

当设立好研究的目标层、指标层和方案层后，便可逐层进行相关的计算，通过计算得到每一层的综合权重后，再将每层权重相乘，便可得到最底层关于最顶层目标的权重。

接下来介绍图 2-2 中 II 类层次结构的计算步骤，以 4 个指标 $\{C_1, C_2, C_3, C_4\}$ 和 2 个方案 $\{P_1, P_2\}$ 为例进行计算，详细步骤如下。

步骤 1　首先构建第 2 层相对于第 1 层的模糊权重矩阵，即构建指标层相对于整个目标的权重判断矩阵。在构建模糊权重矩阵的过程中，FAHP 与 AHP 有所区别，在进行两两比较时引入了模糊理论，其比较标准如表 2-2 所示。FAHP 将各指标进行两两比较后，将给出两两指标相对权重的一个三角模糊数 M，如式(2-1)所示。

$$M = (l, m, u) = \left(\frac{\sum_i^n l_i}{n}, \frac{\sum_i^n m_i}{n}, \frac{\sum_i^n u_i}{n} \right) \tag{2-1}$$

其中，l_i 表示第 i 个专家针对两两指标相对权重所给出的三角模糊数的下界；u_i 则表示其三角模糊数的上界；m_i 则表示表 2-2 中两两指标相对权重的最大可能性。

表 2-2　两两指标权重对比标准

对应的权重值	l、m、u 的比较标准
1	指标 C_1 比 C_2 对目标的影响同样重要
3	指标 C_1 比 C_2 对目标的影响稍微重要
5	指标 C_1 比 C_2 对目标的影响重要
7	指标 C_1 比 C_2 对目标的影响明显重要
9	指标 C_1 比 C_2 对目标的影响非常重要
2，4，6，8	介于上述标准之间的权重值

关于三角模糊数的几何解释如图 2-3 所示。

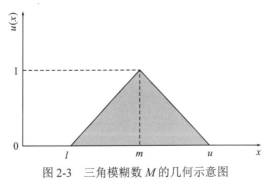

图 2-3　三角模糊数 M 的几何示意图

图 2-3 中，$\mu(x)$ 为隶属度函数，$0 \leqslant \mu(x) \leqslant 1$，表示 x 隶属于 M 的可能性；l 和 u 分别为下界和上界，超出上、下界以外的都不在隶属可能范围内。

如上所述，按照表 2-2 的标准给出关于两两指标相对权重的三角模糊数 $M = (l, m, u)$，再按照公式 (2-1) 将各专家的打分进行汇总，便能得到指标层的模糊判断矩阵，如表 2-3 所示。

表 2-3 以 4 个指标为例的判断矩阵

	C_1	C_2	C_3	C_4
C_1	M_{C_1,C_1}	M_{C_1,C_2}	M_{C_1,C_3}	M_{C_1,C_4}
C_2	M_{C_2,C_1}	M_{C_2,C_2}	M_{C_2,C_3}	M_{C_2,C_4}
C_3	M_{C_3,C_1}	M_{C_3,C_2}	M_{C_3,C_3}	M_{C_3,C_4}
C_4	M_{C_4,C_1}	M_{C_4,C_2}	M_{C_4,C_3}	M_{C_4,C_4}

步骤 2 计算各指标 i 的模糊综合权重 D_{C_i}。首先，将表 2-3 所示矩阵按列进行求和，得到一列向量，并将该向量上各行元素进行归一化处理，则可以分别得到 4 个指标的模糊综合权重，如公式 (2-2) 所示。

$$D_{C_i} = \sum_{j=1}^{4} M_{C_i,C_j} \div \sum_{i=1}^{4}\sum_{j=1}^{4} M_{C_i,C_j} \qquad (2\text{-}2)$$

步骤 3 去模糊化，得到各指标 i 的综合权重 d_{C_i}。根据模糊理论，其计算公式如式 (2-3) 和式 (2-4) 所示。

$$d_{C_i} = \min\left(P(D_{C_i} \geqslant D_{C_j}), j \neq i \right) \qquad (2\text{-}3)$$

$$P\left(D_{C_i} \geqslant D_{C_j} \right) = \frac{l_j - u_i}{(m_i - u_i) - (m_j - u_j)} \qquad (2\text{-}4)$$

$P\left(D_{C_i} \geqslant D_{C_j} \right)$ 表示第 i 个指标的模糊权重大于或等于第 j 个指标的可能度，j 表示除第 i 个指标以外的其他指标。将 d_{C_i} 进行归一化处理，则可以得到各指标的最终权重 $W_{C_i} = \dfrac{d_{C_i}}{\sum\limits_{i=1}^{4} d_{C_i}}$。

步骤 4 紧接着构建第 3 层相对于第 2 层的模糊判断矩阵，即构建各方案相对于不同指标的模糊判断矩阵，如表 2-4 所示。

表 2-4 以 2 个方案为例的判断矩阵

相对于 C_1	P_1	P_2	相对于 C_2	P_1	P_2
P_1	M_{P_1,P_1}	M_{P_1,P_2}	P_1	M_{P_1,P_1}	M_{P_1,P_2}
P_2	M_{P_2,P_1}	M_{P_2,P_2}	P_2	M_{P_2,P_1}	M_{P_2,P_2}

相对于 C_3	P_1	P_2	相对于 C_4	P_1	P_2
P_1	M_{p_1,p_1}	M_{p_1,p_2}	P_1	M_{p_1,p_1}	M_{p_1,p_2}
P_2	M_{p_2,p_1}	M_{p_2,p_2}	P_2	M_{p_2,p_1}	M_{p_2,p_2}

步骤 5　按照步骤 2 和步骤 3 同样的计算原理，便能够得到各方案关于不同指标的综合权重，如下所示：

$$W_{p_j}(C_1) = \left(P_1(C_1), P_2(C_1)\right), \ j=1,2$$

$$W_{p_j}(C_2) = \left(P_1(C_2), P_2(C_2)\right), \ j=1,2$$

$$W_{p_j}(C_3) = \left(P_1(C_3), P_2(C_3)\right), \ j=1,2$$

$$W_{p_j}(C_4) = \left(P_1(C_4), P_2(C_4)\right), \ j=1,2$$

步骤 6　将步骤 5 结果和步骤 3 结果相乘，计算得到各方案相对于整个目标的权重，如公式(2-5)所示。

$$W_{p_j} = \sum_{i=1}^{4} W_{p_j}(C_i) \times W_{C_i}, j=1,2 \tag{2-5}$$

其中，W_{p_j} 表示第 j 个方案相对于顶层目标的最终综合权重，权重越高对实现目标的贡献越大或是对目标的影响权重越大，具体含义取决于对研究目标的定义。

2.3.2　信息熵理论

熵理论对整个自然科学来说是第一法则[20]。香农(Shannon)为了定义信息量的大小，将物理上的熵引入到信息论当中，用来衡量信息量的大小，定义为信息熵，之后信息熵就被认为是在通信前后消除的信息不确定性[21]。

信息熵理论是信息论中的一个重要概念，信息论是关于信息的本质和信息的传输规律方面的科学理论，研究的内容是信息在发送、传递、交换、接收和储存过程中的定量描述的方法[22]。现代信息论的起源要追溯到 1948 年，数学家香农为了解决数据通信领域中信息传递过程的问题，在其论文《通信的数学理论》中给出了信息的数学定义，把信息定义为在传输过程中两次不确定性之差[23]，即：

信息＝通信前的不确定性−通信后仍有的不确定性

对信息进行度量，认为信息是用以消除随机不确定性的东西(即认为信息是确定性的增加)。香农依据分子运动论的观点对熵所作的微观解释，使得熵与概率建立起联系，提出信息量概念和信息熵的计算方法，这才奠定了信息论的基础。

香农将热力学中熵的概念进行了扩展，并应用到了数据的通信过程中，用于描述信息的不确定性程度。数据的通信模型通常包含信息发送端(信源)、传输通道和接收端(信宿)三个部分，如图 2-4 所示。

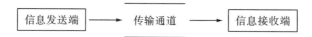

图 2-4　信道通信模型

信息以数据为载体,由信源发送数据,经过传输通道后被信宿所接收。在此传输过程中,由于信道的干扰或者噪声数据,使得信宿并不能完全获取到发送端全部的信息量,只能在一定程度上消除对发送端信息的不确定程度;而当信宿完全获取到了发送端的全部信息时,则称信宿完全消除了信息发送前的不确定性程度,正确收到了发送端的信息,能够准确知道发送端的状态。

1. 信息熵公式

设 X 是某离散信源, $x_i \in X$, $i = 1, 2, \cdots, n$,其概率计为 p_i ,则:

$$H(X) = -\sum_{i=1}^{n} p_i \log p_i \tag{2-6}$$

式中, $H(X)$ 表示该系统或是结构的不确定性程度,单位为 bit,称为离散随机变量 X 的信息熵[21,24]。信息熵具有如下性质[25]:

(1)非负性,信息熵是信息量的数学期望,因此其值满足非负性,即 $H(X) = H(p_1, p_2, \cdots, p_n) \geqslant 0$ 。

(2)对称性,即 $H(X) = -H(p_{k1}, p_{k2}, \cdots, p_{kn})$,其中 $p_{k1}, p_{k2}, \cdots, p_{kn}$ 为状态 $p_1, p_2, \cdots, p_n$ 的任意排列,也就是说信息量与事件状态排序无关。

(3)确定性,当某个信源出现的概率为 1 时,即 $P_i = 1$,则其所在的离散信源集合的信息熵为 0,即 $H(1,0,\cdots,0) = H(0,1,\cdots,0) = \cdots = H(0,0,\cdots,1) = 0$ 。

(4)可加性,在涉及两个或多个符号的离散信源 X 、 Y 时,信息熵满足可加性,即 $H(XY) = H(X) + H(Y|X)$ 或 $H(XY) = H(Y) + H(X|Y)$ 。

2. 熵的极值

对于离散信源 X 的某一结果 x_k 有 $p_k = 1$,那么其他各种结果 x_i 的 $p_i = 0(i \neq k)$,则由熵的定义公式(2-6)可得 $H(X) = 0$,此时熵值为最小值[21,24]。若对于 $X = \{x_1, x_2, \cdots, x_n\}$, $x_i \in X$, $p_i = 1/n$,则由熵的定义公式(2-6)可得 $H(X) = \log n$,此时熵值为最大值,因此,熵的取值范围是: $0 \leqslant H(X) \leqslant \log n$ 。

信息熵 $H(X)$ 表示系统信息的有序程度,熵越大,随机变量的不确定性就越大,信息熵 $H(X)$ 随概率 P_i 变化的曲线如图 2-5 所示。

以上是信息熵的基本概念,是广义上的信息熵,其熵值并不包含具体的含义。当信息熵被运用到不同领域、不同层面、不同环境下时,其熵值将包含不同的意义。如信息熵对消费结构的分析[26, 27]、对政府公共管理组织结构的分析[28]、对供应链管理的分析[29-35]、对工程造价风险的分析[36-39]以及对软件项目管理的分析[40]等,其熵值处于这些不同的应用环境下都将产生不同的具体含义。

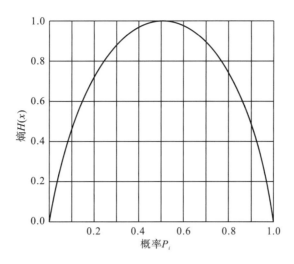

图 2-5　伯努利分布时信息熵函数曲线

2.3.3　模糊熵理论

模糊熵与信息熵在应用解释上有所不同,信息熵描述了一个复杂系统所包含的信息量大小,主要针对事务的不确定性程度进行分析;而模糊熵则是描述了一个模糊集的模糊性程度。要理解模糊熵,就必须了解几个基础概念。

1. 熵

它本是热力学中的一个参量,用于描述系统的混乱程度。在信息论中,熵用来度量一个事务的不确定性程度,而在模糊熵中它则用来度量一个模糊集的模糊性程度。

2. 论域

关于论域简单的定义就是讨论的范围。在研究中,论域则指所有研究对象构成的一个非空集合。在数学公式中,通常用字母 U 来表示论域。

3. 模糊集

模糊集是一种特殊的数学集合。一般意义上的数学集合所包含的任意一个元素都可以被明确界定,对于任一元素是否属于这个集合能够给出明确的界定。相反,模糊集中所包含的元素却无法被界定,对于任一元素是否属于该集合无法给出一个明确的判定。因此,模糊集通常泛指一种相关元素无法被界定是否属于该给定集合的特殊集合。

4. 隶属度

隶属度表示模糊集中的元素隶属于该集合的可能性程度。隶属度越大,表示该元素属于该集合的可能性程度越大。当隶属度为 0 时,表示该元素完全不属于集合;反之,当隶属度为 1 时,表示该元素完全隶属于集合。在一般情况下,隶属度通常位于最大值和最小值之间。

5. 模糊集的数学表示方法

用字母 U 来表示论域，U 是一个有限集或可数集，令 $U = \{x_1, x_2, \cdots, x_n\}$，$x_i$ 为论域中所包含的元素。假设这些元素均可能隶属于某一集合 A，其隶属度函数为 $\mu_A(x_i)$，$0 \leqslant \mu_A(x_i) \leqslant 1$，则此时集合 A 可以称为一个模糊集。模糊集 A 的数学表示方法如下。

$$A = \mu_A(x_1)/x_1 + \mu_A(x_2)/x_2 + \cdots + \mu_A(x_n)/x_n$$

注意，这里的符号"/"和"+"不是传统意义上的除和加，它们不具备数学的计算含义，仅仅表示两个符号，用于描述模糊集 A。

而当论域 U 是一个无限集时，则模糊集 A 的表示如下。

$$A = \int_{i=1}^{\infty} \mu_A(x_i)$$

注意，这里的符号"∫"也不是传统意义上的积分，仅仅具有符号的含义。

6. 模糊熵定义及其计算公式

模糊熵是用来描述一个模糊集模糊程度的数量指标。假设 $U = \{x_1, x_2, \cdots, x_n\}$ 为一个论域，A 为论域中的一个模糊集，$\mu_A(x_i)$ 为 x_i 隶属于模糊集 A 的隶属度函数。

根据上述假设，为了能够更好地解释模糊熵，并且将模糊熵运用于本书后续的研究中，本书结合信息熵的计算公式，对模糊熵 $E(A)$ 进行了描述，其计算公式如下所示。

$$E(A) = -\frac{1}{n} \sum_{i=1}^{n} \left[\mu_A(x_i) \times \log_2 \mu_A(x_i) + (1 - \mu_A(x_i)) \times \log_2 (1 - \mu_A(x_i)) \right]$$

该公式具有以下一般定义：

(1) 对于普通的数学集合，即指元素能够被明确界定的分明集。此时，所有元素的隶属度 $\mu_A(x_i)$ 均为 1，将其代入上述公式进行计算，可以得到一个普通集的模糊熵 $E(A)$ 为 0，说明普通集是不模糊的。

(2) 对于论域中的任一 x_i，它们的隶属度均为 1/2，即 $\mu_A(x_i) = 1/2$。根据上述公式进行计算，此时 $E(A)$ 将达到最大值，$E(A) = 1$。

(3) 若模糊熵 $E(A)$ 和 $E(A^C)$ 与最大值 1 的距离是相同的，则说明 A 和 A^C 两个模糊集的模糊程度相等。

(4) 一个模糊集 A 的模糊性应该具有单调变化的性质。模糊集 A 上元素的隶属度接近于 1/2，A 的模糊性应该逐渐增大；反之，A 的模糊性应该逐渐变小。

综上所述，模糊熵能够有效描述一个模糊集，适用于解决具有模糊性的问题。

2.3.4 马尔可夫相关理论

马尔可夫(Markov)模型预测是通过相关概率的分布建立起的一种对离散随机时序模型进行预测的方法，这种方法被称为马尔可夫法[41]。马尔可夫法是以俄国数学家 Markov 名字命名的一种方法。它将时间序列看作一个随机过程，通过对事物不同状态的初始概率和状态之间转移概率的研究，确定状态变化趋势，以预测事物的未来。马尔可夫法是一种随机时间序列分析法。一个随机过程在给定现在状态及所有过去状态的情况下，其未来状态的条件概率分布仅依赖于当前状态，与过去状态(即该过程的历史路径)是条件独立的，那么此随机过程即具有马尔可夫性质，此过程即为马尔可夫过程[42]。也就是说，对于系统"现在"的状态，"过去"与"未来"是相互独立的，"过去"的状态无法直接影响到"将来"的状态，这种性质称为马尔可夫性或无后效性[42,43]。

(1) 马尔可夫过程(Markov process)[42]。设随机过程 $\{X(t), t \in T\}$ 的状态空间为 $S = \{0,1,\cdots\}$。对于时间 t 的任一时刻，$t_1 < t_2 < \cdots < t_n, n \geq 3, t_i \in T$，当 $X(t_i) = x_i, x_i \in S, i = 1,2,\cdots, n-1$ 时，$X(t_n)$ 的条件概率分布函数满足 $X(t_{n-1}) = x_{n-1}$，那么，$X(t_n)$ 的条件概率分布函数可表示为

$$P\{X(t_n) \leqslant x_n | X(t_1) = x_1, X(t_2) = x_2, \cdots, X(t_{n-1}) = x_{n-1}\}$$
$$= P\{X(t_n) \leqslant x_n | X(t_{n-1}) = x_{n-1}\}, x_n \in R$$

此过程即为马尔可夫过程。

(2) 马尔可夫链(Markov chain)[43]。设随机过程 $\{X(t), t \in T\}$ 的状态空间为 $S = \{0,1,\cdots\}$，如果对于正整数 m、n、p 及任意非负整数 $j_m > j_{m-1} > \cdots > j_2 > j_1 (n > j_m)$ 和 $i_{n+p}, i_n, i_{j_m}, \cdots, i_{j_2}, i_{j_1}$，满足：

$$P\{X(n+p) = i_{n+p} | X(n) = i_n, X(j_m) = i_{j_m}, \cdots, X(j_2) = i_{j_2}, X(j_1) = i_{j_1}\}$$
$$= P\{X(n+p) = i_{n+p} | X(n) = i_n\}$$

则称 $X(t)$ 为马尔可夫链。马尔可夫链是具有马尔可夫性质的离散时间随机过程，该过程中，在给定当前知识或信息的情况下，"过去"(即当期以前的历史状态)对于预测"将来"(即当期以后的未来状态)是无关的。

(3) 马尔可夫链的 h 步转移概率[43,44]。对于条件 $P\{X(n+p) = i_{n+p} | X(n) = i_n\}$，假设系统在 n 时刻处于 i 状态，那么经过 h 个时刻(即 h 步)后，系统进入 $n+h$ 时刻状态转移至 j 的条件概率，记为 $p_{ij}(n, n+h)$，或记为 $p_{ij}^{(h)}(n)$，称为马尔可夫链的 h 步转移概率。

当 $h = 1$ 时，通常转移概率可记为 $p_{ij}^{(1)}(n) = p_{ij}(n) = p_{ij}$，$p_{ij}$ 被称为马尔可夫链的转移概率。

(4) 马尔可夫链的转移矩阵[43,44]。对于状态空间 $S = \{0,1,\cdots\}$，使用状态转移概率 $p_{ij}^{(h)}(n)$ 构成的矩阵 $p^{(h)}$ 来表示，即

$$\boldsymbol{p}^{(h)} = \begin{bmatrix} p_{11}^{(h)}(n) & p_{12}^{(h)}(n) & \cdots & p_{1m}^{(h)}(n) \\ p_{21}^{(h)}(n) & p_{22}^{(h)}(n) & \cdots & p_{2m}^{(h)}(n) \\ \vdots & \vdots & & \vdots \\ p_{m1}^{(h)}(n) & p_{m2}^{(h)}(n) & \cdots & p_{mm}^{(h)}(n) \end{bmatrix}$$

称为马尔可夫链的 h 步转移矩阵，当 $h = 1$ 时，根据"马尔可夫链的 h 步转移概率"可写出马尔可夫链的 1 步转移矩阵 $\boldsymbol{P}$：

$$\boldsymbol{P} = \begin{bmatrix} p_{11} & p_{12} & \cdots & p_{1n} \\ p_{21} & p_{22} & \cdots & p_{22} \\ \vdots & \vdots & & \vdots \\ p_{n1} & p_{n2} & \cdots & p_{nn} \end{bmatrix}$$

根据马尔可夫链的概念，可以得出马尔可夫链的两个基本性质：

(1) 对于状态转移矩阵 $\boldsymbol{p}^{(h)}$，元素是非负的，即 $p_{ij}^{(h)}(n) \geqslant 0, i,j = 1,2,\cdots,n$。

(2) 对于状态转移矩阵 $\boldsymbol{p}^{(h)}$，每行的各元素之和为 1，即 $\sum p_{ij}^{(h)}(n) = 1$。

第3章 国内外研究综述

根据贝西默(Bessemer)公司所发布的 2020 年全球云服务市场报告[45]显示，亚马逊在云服务产业的年收入已经超过了 400 亿美元，并仍以 30%的年均复合增长率在继续增长。在报告中，还以当前数据为基准，以相同的增长速度进行了预测，预估在 2025 年"云"将渗透到 50%的企业软件中，而在 2030 年"云"甚至将为超过 75%的软件提供支持。

可见随着云服务市场的扩大、服务类型的增加，越来越多的企业开始选择使用云服务。这为云服务的发展带来了强大的动力，同时也为云服务的可信管控带来了挑战。随着用户人数的增多，云服务所投入使用的场景也会越来越多样化，面对一些特殊的应用场景，由于预先的评估和预防措施不足，所导致的可信问题也势必会逐渐增多。

也正是因为云服务市场存在大量的潜在用户，有着美好的前景，吸引着越来越多的服务商和平台商开始投入到云服务行业当中。随着市场的扩大，许多存在信任问题的商家开始进入到服务市场，这就导致在海量的云服务市场中，充斥着许多质量参差不齐的服务，造成了云服务的诸多可信问题。面对这种情况，在缺乏相关经验和有效选择方法的前提下，许多用户往往只关注到服务本身的价格，不能够选择到适合自身应用场景的可信服务。

综上所述，关于云服务可信性的有效评估和选择就显得尤为重要。如何有效结合应用场景进行服务可信性的评估，如何帮助用户合理选择优质的云服务，成为当前云服务可信研究和选择的重要问题。针对这两个问题，本书查阅了国内外可信评估和服务选择方法的研究文献，如下所述。

3.1 可信评估的研究

度量和评估是进行可信服务选择的前提和关键。只有对可信性进行有效的度量和评估，才能够为用户提供最直接的可信支撑，帮助用户正确地进行服务选择。目前，关于可信评估和度量的研究，国内外学者已经提出了不少的方法。具有代表性的相关研究方法包括：AHP[46-48]、D-S 证据理论[49-52]、缺陷分析[53-55]、熵理论[56-58]、模糊数学[59-61]、贝叶斯网络[62-64]等。

除上述常见的研究理论外，国内外学者针对可信评估的框架和度量的模型也提出了许多新的方法。Sidhu 和 Singh[65]提出了一种基于认证中心(certification authority，CA)的信任评估框架，将信任度由高到低划分为 5 类，该框架在一定程度上可以在实际的云环境中通过对服务提供者的实时监控来确定其可信程度。Fan 和 Perros[66]提出运用分布式处理技术，搭建可信云服务的分布式信任环境。在该环境下，由可信任的第三方代理对云服务进行评估，从而为用户提供公正的可信评估服务，帮助用户区分各服务的可信性。但是总的来说该评估需要构建较大的分布式信任环境，所耗费的成本较大。Wagdy 等[67]从性能、敏捷性、财务性、安全性和可用性等多个角度出发，提出了一种基于多准则决策和模糊逻辑技术的云服务信任评估框架。蔡斯博等[68]提出了一种支持软件资源可信评估的框架，并分析了该框架涉及的技术，如证据收集、证据信任管理和可信评估等，阐述了该框架在北京大学软件资源库中的设计决策和实现方案，并给出一个详尽的实例分析。Shuai 等[69]将 QoS 预测和客户满意度估计相结合，设计了一个名为 CSTrust 的云服务可信评估框架，该框架通过与客户满意度的结合，在一定程度上提高了评估结果的准确性。Zhou 等[70]综合考虑了评测数据的客观性和主观性，将用户的主观评价和监测组织所提供的性能指标进行综合，提出了一种可行的量化评价方法。Singh 和 Sidhu[71]从不同的用户角度基于遵从性对云服务可信度进行评估，提出了一种综合的多维可信评估方法。Jin 等[72]强调了过程可信的重要性，提出了一种基于软件过程的可信度量框架。Tao 和 Chen[73]在其可信度量模型中，给出了一种多项式时间复杂度的组合算法，用于对其评估权重进行排序。Lin 和 Xue[74]将属性划分为不同的等级，分别建立了可信的分析模型和服务状态转换模型，实现了针对多目标优化的可信分析。

这些文献为云服务可信评估的研究做出了重要的贡献，完善了云服务可信评估的研究理论。总结以上文献，能够看出大多学者都认为要进行合理的可信评估，需要做到主客观相结合的评估，既要建立完善的评估体系做到全面客观的评估，又要结合相关的客观数据对其可信性进行验证。另外，也有学者[75]尝试展开对云服务可信性的"动态"评估，根据用户反馈，对服务提供商的可信度进行实时更新。而考虑到实际应用情况对云服务可信性的影响，Wang[76]则提出要将可信研究与用户场景相结合，从而提出了一种包含证据模型和演化模型的可信模型。可见任何一种单一的方法或理论都难以满足可信评估和度量的研究需求，唯有采用多学科交叉的方法，立足于具体的用户场景，将专家评估与真实数据相结合，展开对云服务可信性的动态分析，才能胜任云服务可信性的评估工作。对此，沈国华等[77]进行了总结，认为要做好可信的评估和度量，主要需要做好三个方面的内容，分别是：属性模型的建立、证据模型的研究以及可信分级规范的定义。总的来说，目前关于可信评估和度量的研究，大多停留在标准模型的静态评估和度量阶段，即未能与真实的应用环境相结合，忽略了实际应用过程中的各类突发情况对可信性的影响。在这些相关研究中发现的问题包括：首先，评估模型都存在指标冗余或是与需求无关的情况，容易造成指标权重的赋值和模型层次的划分与真实的情况存在差异，不能够客观地反映软件或服务的可信性；其次，可信性的度量问题，几乎所有的度量都不可避免会受主观经验和决策引导的影响，导致最终结果的准确性也得不到验证；最后，可信级别的划分，其分级规范需要符合领域相关的需求，只有设定领域相关的可信性评估分级，才能为用户提供明确易懂的可信评价结果。

对此，项目组通过查阅相关文献，将可信评估前、中、后三个阶段需要处理的问题进行了归纳，如表 3-1 所示。

表 3-1 评估过程不同阶段需要处理的问题

阶段	需要处理的问题
评估前	(1) 基于 QoS 评估的输入数据真实性问题; (2) 基于用户评价的数据采集和数量支撑问题; (3) 基于指标评估的指标集梳理问题; (4) 参评数据的客观性问题; (5) 评估维度和层次划分问题
评估中	(1) 加入用户场景对可信性影响的考虑,结合用户场景进行评估; (2) 保证专家评估的客观性,降低人为主观因素的影响; (3) 降低评估所需的消耗; (4) 做到"动态"的评估
评估后	(1) 提高评估结果的可读性; (2) 为评估结果提供配套的说明; (3) 评估结果在不同服务间应具备可比性; (4) 为用户提供管理对策建议

3.2 云服务选择方法

Alabool 和 Mahmood[78]基于模糊理论,提出了一种有效的信任评估与选择方法,该方法有效解决了不同服务评估标准不可通约的问题,为用户选择提供了统一的参考标准。同时也在文中指出要更好地帮助用户进行服务选择,还需要进一步结合用户的实际需求和偏好进行评估。Tang 等[79]提出了一种主客观相结合的可信评估方法,其中客观信任评估基于 QoS 监控,主观信任评估则是基于用户的反馈评分。Du 等[80]基于用户的个性要求偏好,将云服务资源进行分类,从而根据所提出的信任评估机制,通过相似度为用户服务选择提供帮助。Supriya[81]提出了一种基于模糊逻辑的信任管理模型,该模型可以帮助消费者根据自己的需求做出明智的选择。Pan 等[82]提出了一种基于 QoS 的用户信任相似度的云服务选择模型。Sriram 等[83]将粗糙集和贝叶斯推理结合起来,提出了一种信任挖掘模型,通过对监测数据进行挖掘,从而采用贝叶斯推理来推断服务商的信任度,帮助用户进行服务选择。朱锐等[84]针对现有服务选择中服务推荐技术的不足,提出一种基于偏好推荐的服务选择方法。潘静等[85]提出了一种基于声誉的服务推荐方法。盛国军等[86]提出了一种基于改进蚁群算法的可信服务发现方法。

可见在这些研究中较为常见的是基于评价和 QoS 的服务选择方法。其中,基于评价的选择方法需要大量的评价数据作为参考,同时还存在信源本身不可信的问题,用户的恶意评价和偏好都将会影响到最终的服务选择结果;而基于 QoS 的服务选择方法侧重于考虑服务本身的质量,对于服务提供者和管理者所提供 QoS 参数的可信性缺乏考虑,同时也忽略了服务的实际执行过程,这就使得服务组合的实际执行行为往往与用户期望的行为不一致[87]。总的来说,按照支撑的依据不同进行划分,可以将国内外的相关选择方法归纳为 3 类,分别如下。

(1) 基于内容的服务选择优化方法。即根据服务商或是管理者所提供的参数来进行可信性分析,进而选择其中的优化方案,典型的如基于 QoS 的选择方法[88-92],该方法所依赖的数据完全取决于服务商或管理者本身所提供的可信性,对于用户而言根本无从分析其可信性。

(2)基于知识或框架的服务选择优化方法。指根据经验采用成熟有效的方法或理论来进行分析,依靠规则、算法进行计算,并结合实例研究进行选择。此类选择方法[93-96]不需要大量的内容数据支撑,但是需要根据领域和相关规则建立合理的模型,对于所提出的方法和模型也难以得到验证。

(3)协同推荐的服务选择优化方法[97-99]。该方法不依赖服务或软件本身的具体特性,而是根据相关用户的推荐或是评价来进行判断,主要取决于相似用户的评价以及使用者以往的历史行为。其思想来源于协同过滤推荐,通过评价判断相似用户,再根据相似用户的使用行为互相进行推荐。该选择方法同样不需要具备专门的服务质量分析能力,仅根据评价值来进行选择,但是却需要有一定数量的用户作为支撑。

3.3　本 章 小 结

针对云服务的评估和选择,本章通过查阅文献,从评估前数据和模型准备、评估过程中方法的实施、评估后结果的展示,到最终用户的选择一系列过程进行了梳理分析,明确了云服务可信评估和选择所需要处理的问题。针对这些问题,本书提出要考虑实际应用场景对云服务的影响,针对云服务的可信性展开动态评估,为用户提供评估结果的同时配套给予用户对应的解释说明文档,从而帮助用户根据自身应用需求进行服务选择,加强对云服务可信性的管控。

第4章　云服务可信评估支撑体系

4.1　概　　述

可信性是一个抽象的概念，传统的方法难以对其进行度量。要有效地度量云服务的可信性，就必须建立一套完整的可信评估支撑体系。对此，本书建立了对应的可信属性模型、证据和分级规范，如图 4-1 所示。

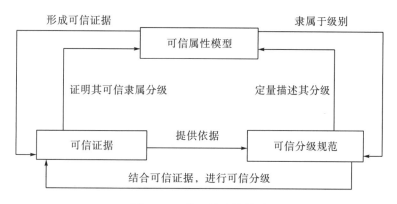

图 4-1　可信评估支撑体系

由图 4-1 可见，三者相辅相成，共同形成了一套完整的可信评估支撑体系，为本书后续的云服务可信评估研究提供了重要的支撑。

4.2　云服务可信属性

4.2.1　层次结构

属性模型是关于云服务可信性影响指标的集合，这些指标具有一定的层次和隶属关系。为了能够对云服务的可信性进行有效的度量，本书从相反的角度进行思考，参考"可信≈可靠+安全"的定义[12]，提出用"风险的不确定性大小"去定量描述"服务的可信性高低"，拟从风险的角度建立云服务的可信属性模型。

根据上述思想，在建立云服务可信属性模型的过程中，本书按照如下顺序进行。

（1）定义可信风险类（即风险维度）。对此，项目组将围绕云服务的技术特点、应用环境的影响、管理维护、人为因素影响和法规遵从等多方因素进行思考，分类别地对服务可信性进行分析，划分其风险类别，从而定义相关的可信风险类（即风险维度）。

（2）梳理可信风险指标。针对所提出的风险类，本书将从不同维度展开分析，采用文献查阅的方法，将影响云服务可信性的相关指标进行枚举，最终通过专家讨论的形式对各指标进行分析，排除其中存在的冗余指标，对一些含义相同的指标进行重新定义和整合，从而得到一个有效的可信风险指标集。

（3）梳理类与指标之间的隶属关系。在得到相关的风险类及对应的可信风险指标后，本书还将继续梳理不同类别与各指标之间的隶属关系，这点与一般的可信风险属性所不同，如图 4-2 所示。

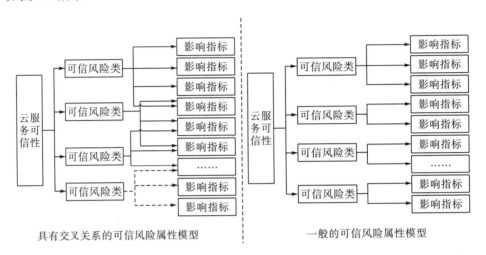

图 4-2　云服务可信风险属性模型的层次结构

本书提出的可信风险属性模型不同于一般的风险属性模型，模型中各指标与风险类之间具有交叉关系，这更符合真实的云服务可信环境。

4.2.2　可信风险类

结合所提出的层次结构，本书定义了与云服务可信评估相关的可信风险类，不同类的含义及解释如下所述。

1. 技术可信风险 β_1

技术可信风险指由于服务本身技术缺陷，或是后期运营技术支持不足所导致的可信风险。诸如：访问控制和身份验证技术缺陷造成的信息泄露、数据隔离技术不足所造成的隐私安全、网络承载力不足导致的服务宕机、防御支持技术不足引起的流量攻击风险、容错力差造成的服务崩溃、数据备份和还原技术缺陷造成的数据丢失等。

2. 人为可信风险 β_2

人为可信风险指除正常管理和操作外，由于恶意人为行为或虚假信息所造成的可信风险。诸如：由于服务商、用户或是平台商提供虚假信息造成的可信问题；内部员工恶意操作造成的损害；商家之间的恶意攻击(流量攻击风险)等。

3. 运营及管理可信风险 β_3

运营及管理可信风险指平台商、服务商、终端用户等在运营和管理过程中影响云服务正常运作的相关风险。诸如：服务的维护和更新不及时造成的运行问题、服务商或平台商运营问题所造成的服务被迫下架、数据容灾管理措施不当造成的数据丢失、员工权限管理不当造成的隐私泄露、用户密钥保管不当造成的信息泄露。

4. 应用环境可信风险 β_4

应用环境可信风险指由于具体的基础设施环境、网络环境或是应用场景影响而导致的可信风险。诸如：服务器机房灾祸造成的服务能力停止、网络阻塞造成的服务运作问题、特殊应用场景或是定制精准服务强制要求的隐私纰漏等。

5. 法律法规可信风险 β_5

法律法规可信风险指由于相关法律、法规因素所造成的可信风险。诸如：由于双方协议签署不规范造成的责任归属纠纷和权限管理纠纷、当地法律法规的限制影响、未能符合审查和监督要求造成的服务运营停作。

4.2.3　可信风险指标

根据 4.2.2 节的论述，本书一共梳理出了与云服务可信性相关的 19 个可信风险指标，如表 4-1 所示。

表 4-1　可信风险指标

访问控制和身份认证 C_1	数据加密与隔离 C_2	网络承载力 C_3
防御支持 C_4	服务容错性 C_5	数据备份和还原 C_6
虚假信息和信誉问题 C_7	内部员工恶意操作 C_8	维护和更新及时性 C_9
(服务商运营问题导致的)服务下架或关闭 C_{10}	数据容灾管理 C_{11}	员工权限管理 C_{12}
密钥保管 C_{13}	基础设施环境 C_{14}	网络阻塞 C_{15}
隐私纰漏 C_{16}	责任归属判定 C_{17}	法律法规限制 C_{18}
审查和监督要求 C_{19}		

当梳理完以上可信指标后，考虑到在实际的运作情况下，相关可信风险因素和各类风险之间是密不可分的，即使两者之间关联较小，也不能将它们完全独立地进行分析。因此，为了保持评估的客观性，本书将上述风险类和指标代入到图 4-2 中的层次结构中，建立了一个具有交叉联系的可信属性模型，整个模型如图 4-3 所示。

针对这样一个具有交叉联系的可信属性模型，本书在后续的研究中拟结合模糊理论，将它们之间的关联性用一个[0,1]的数值进行表示，从而结合相关方法实现对云服务可信性的客观评估。

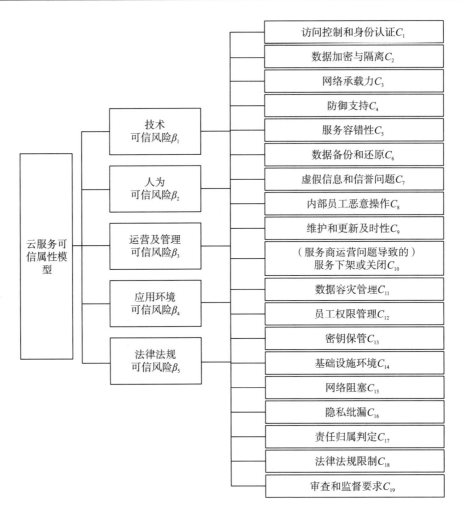

图 4-3　可信风险属性模型

4.3　云服务可信风险分级

　　一个分级规范是否合理，直接影响到对度量结果的解释和说明。因此，为了能够客观的定义云服务的可信等级，本书采用风险矩阵法[100]设立了专门的可信风险分级，定义了底层各指标的可信风险分级，用于配合可信证据进行合理的可信评估，同时为用户观察评估结果提供直观的可信分级。相关的分级和说明如表 4-2～表 4-5 所示。

表 4-2　云服务可信风险发生频率分级 P

分级	说明
1	在长期运作过程中基本不会发生
2	在长期运作过程中可能会发生，发生次数不超过 1 次
3	在一般情况下会发生，发生次数在 2 次及以上
4	不可避免，经常会发生

表 4-3 风险发生将会造成的后果严重性分级 L

分级	服务运作影响	经济损失影响
1	风险发生后能够马上得到解决，几乎不会影响服务的运作	微乎其微，只会造成极小的损失
2	造成部分服务不能够正常运作	会造成较小的经济损失，影响到部分服务的收益
3	造成服务经常性停歇，不能够正常运行	会造成较大的经济损失，影响到每日的正常收益
4	导致服务停止，难以维护	造成重大的经济损失，致使运营困难

表 4-4 云服务可信性的风险矩阵

发生频率 P	后果严重性 L			
	1	2	3	4
4	4/II	8/III	12/IV	16/IV
3	3/I	6/II	9/III	12/IV
2	2/I	4/I	6/II	8/III
1	1/I	2/I	3/I	4/II

表 4-5 云服务可信性分级

级别	说明
IV	为高风险服务，不可信
III	该服务存在较高风险，处于可信临界
II	该服务存在一定风险，基本可信
I	完全可信

4.4 云服务可信证据

证据模型，它主要用于描述和支撑所提出的风险属性。在建立了云服务的可信风险属性模型后，下一步就是整理与风险相对应的可信证据，这些证据来源于方方面面，涉及软件环境、使用体验和生产过程等。为了能够尽可能地反映服务的风险属性，本书站在用户的角度，围绕服务提供商、平台管理者以及服务本身，针对商务安全、隐私安全、交互体验和服务质量等方面展开分析，建立了与可信风险属性相对应的证据模型，通过证据反映风险，为风险的定量描述提供有效的支撑，如表 4-6 所示。

表 4-6 可信风险指标的可信证据

可信风险指标	判断其可信性的证据	发生频率 P	后果严重性 L
访问控制和身份认证 C_1	(1)公开的接口，没有进行身份认证和访问限制；	4	3
	(2)服务商为订购用户开辟了专门的接口，但没有进行身份验证；	3	3
	(3)设有专门的私钥，在访问时通过私钥进行验证，没有对访问进行加解密处理；	2	3
	(4)有专门的身份验证私钥，设有防火墙和专门的访问策略	1	3

可信风险指标	判断其可信性的证据	发生频率 P	后果严重性 L
数据加密与隔离 C_2	(1)没有进行数据隔离，用户之间能够相互访问；	4	3
	(2)设立了公开数据和私密数据，没有划分用户权限；	3	2
	(3)设立了公开数据和私密数据，有明确的用户访问权限，但未对数据进行加密处理；	2	2
	(4)设立了公开数据和私密数据，有独立的数据存储渠道，并对数据进行了加密	1	1
网络承载力 C_3	(1)支持同时在线访问人数低于 500 人；	4	3
	(2)支持同时在线访问人数 1000～5000 人；	2	2
	(3)支持同时在线访问人数大于 5000 人；	2	2
	(4)支持同时在线访问人数大于 100000 人	1	1
防御支持 C_4	(1)服务商没有提供防御支持，遭遇流量攻击就会造成服务停止；	4	4
	(2)服务商提供一定的防御支持，能够防御基本的流量攻击；	3	3
	(3)服务商提供一对一的防御支持，能够防御大量的流量攻击；	2	2
	(4)服务商提供支持，并且自身有专门的防御策略，能够抵御针对性的流量攻击	1	1
服务容错性 C_5	(1)没有容错机制，服务一旦出错就停止运行；	4	4
	(2)服务出错后将会影响到部分功能不能执行；	3	3
	(3)运行过程中产生故障，不会影响到服务的正常运行；	2	2
	(4)运行过程中出现故障，能够进行自动反馈和记录，能够及时规避或处理该问题	1	1
数据备份和还原 C_6	(1)没有提供数据备份和还原功能；	3	4
	(2)针对数据库提供了简单的数据备份和还原功能；	2	3
	(3)针对系统、软件、数据库等所有信息，提供定期的数据备份和还原支持；	1	2
	(4)有多个数据备份，定期自动进行数据备份和还原，能够及时通知用户进行数据备份和还原	1	1
虚假信息和信誉问题 C_7	(1)服务商信誉差，所提供的服务信息虚假，不具备所描述的功能；	2	2
	(2)服务商提供的信息较为真实，对运营过程中的问题不作修复；	2	2
	(3)服务商提供的信息真实，能够进行简单的服务技术支持；	2	2
	(4)经营良好的大平台，对入驻的服务商资质进行考核，设有专门的售后服务渠道，所提供的数据通过专业机构的检测认证	1	2
内部员工恶意操作 C_8	(1)没有员工操作记录；	2	3
	(2)对部分员工操作进行了记录；	2	3
	(3)设有奖惩制度，并对员工操作进行了记录；	2	3
	(4)能够通过记录查到操作的员工，对关键数据的操作进行了验证判断，需要经过负责人通过后才能执行	1	3
维护和更新及时性 C_9	(1)服务商不提供维护和更新支持；	3	2
	(2)针对用户需求，定向收费后提供维护和更新支持；	2	2
	(3)服务商自行提供免费的定期维护和更新支持；	2	1
	(4)服务商自行针对所售服务提供全方位、全时段免费的维护和更新支持，即不断收集问题反馈，一旦处理完成立即自动更新维护	1	1

续表

可信风险指标	判断其可信性的证据	发生频率 P	后果严重性 L
(服务商运营问题导致的)服务下架或关闭 C_{10}	(1)个人服务商,仅提供接口服务,没有服务商信息;	2	4
	(2)刚注册的企业服务商,不具备实体企业;	2	4
	(3)具备实体企业和长期良好经营记录的服务商;	2	3
	(4)经营良好的大平台,能够及时向用户发送服务更新或下架通知	1	2
数据容灾管理 C_{11}	(1)服务商仅有一台服务主机;	3	4
	(2)服务商有多个服务主机,但没有专门的管理制度;	2	3
	(3)服务商有专门的机房和管理措施,在一定时间内能够恢复正常服务;	2	2
	(4)服务商有多个服务器机房和严格的应灾管理措施,能够及时进行服务更换	1	1
员工权限管理 C_{12}	(1)没有权限分级,管理无章法,员工具有所有权限;	4	4
	(2)有简单的员工分级和权限分配;	2	4
	(3)有明确的员工分级,但是没有专门的管理和责任归属制度;	1	4
	(4)有明确的员工分级,有专门的员工管理和责任归属制度	1	3
密钥保管 C_{13}	(1)服务双方均没有关于密钥保管的措施;	4	3
	(2)只将密钥简单地进行本地保管;	3	3
	(3)由服务商单独代为保管密钥;	2	3
	(4)由服务商和用户共同保管密钥,获取密钥有专门的验证机制	1	2
基础设施环境 C_{14}	(1)基础设施不全,能够勉强支撑服务运作,存在明显的风险问题;	3	3
	(2)基础设施较为完善,能够勉强支撑服务运作,难以进行更新升级;	2	2
	(3)基础设施条件完善,满足服务的所有需求,偶尔进行维护和更新;	1	2
	(4)基础设施条件完善,满足服务的所有需求,配有专人进行定期维护和更新	1	1
网络阻塞 C_{15}	(1)不具备独立的网络带宽,低于 1M;	4	2
	(2)具备基本的网络带宽,1~2M;	3	2
	(3)有稳定的网络和较大的带宽,但没有相关的策略;	2	1
	(4)有稳定的网络和较大的带宽,并且有专门的网络输入和输出限制策略	1	1
隐私纰漏 C_{16}	(1)开启服务,强制要求用户提供所有隐私信息,并未对用户信息进行妥善保管;	3	4
	(2)开启服务部分功能时,强制要求用户提供隐私信息,口头承诺对用户信息进行妥善保管;	3	3
	(3)由用户选择是否同意提供隐私信息,没有明确的隐私保护协议;	2	3
	(4)由用户选择是否同意提供隐私信息,并设立了公开的隐私保护协议	2	3
责任归属判定 C_{17}	(1)服务双方仅进行交易,没有详细的交易记录,未签订责任归属协议;	3	4
	(2)服务商和用户口头承诺双方责任,有详细的交易记录;	2	2
	(3)服务商和用户之间有书面的责任归属协议,有详细的交易记录;	2	2
	(4)服务商和用户之间有书面的责任归属协议,并有专门的第三方公证机构(如平台商)	2	1
法律法规限制 C_{18}	(1)对于该服务,当地有严格的法律法规限制,不支持该服务运作;	3	4
	(2)对于该服务,当地有专门的法律法规限制,限制部分服务功能的运作;	2	3
	(3)支持该服务的运作,但缺乏专门的法律法规保护;	1	2

续表

可信风险指标	判断其可信性的证据	发生频率 P	后果严重性 L
	(4)支持该服务的运作，并且有专门的法律法规保护	1	1
	(1)该服务不支持审查和监督，存在较大风险；	3	4
审查和监督要求 C_{19}	(2)该服务不支持专门的审查和监督，仅能够提供相关数据用于审查和监督，存在潜在风险；	2	3
	(3)该服务提供了部分的审查和监督渠道；	2	2
	(4)该服务能够支持审查和监督，符合行业规范要求	1	1

4.5　本　章　小　结

本章提出用"风险的不确定性"（包括发生不确定性和后果严重程度不确定性），从反面去定量描述服务的可信性，建立了一个完善的云服务可信评估支撑体系，该体系共包含3个重要组成部分：

(1)5个维度、19个可信风险指标所构成的云服务可信属性模型。

(2)基于风险矩阵法所设定的云服务可信分级。

(3)与属性模型所包含的19个可信风险指标相对应的可信证据。

三者相辅相成，共同构成了云服务可信评估的重要基础，为云服务的可信评估提供了多维度、多指标的属性模型，保障了整个评估过程有据可依，同时也为评估结果的解读提供了参考说明，对于云服务的可信评估研究有着重要意义。

第 5 章 基于 FAHP 和风险矩阵法的 云服务可信性评估

基于所提出的云服务可信评估支撑体系，本章结合 FAHP 和风险矩阵法展开了对云服务可信性的评估研究，提出了一套有效的云服务可信性评估方法，并将该方案代入到具体应用中进行了案例分析。在本章最后，还对该方法的合理性和特点进行了论述。

关于该方法的研究路线如图 5-1 所示。

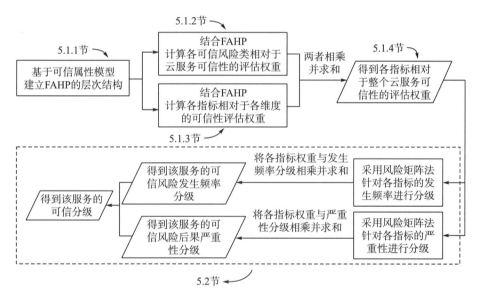

图 5-1 基于 FAHP 和风险矩阵的云服务可信性评估方法研究路线

5.1 基于 FAHP 的可信性评估权重赋值

按照图 5-1 所示的研究路线，本节将结合 FAHP 展开对云服务可信性评估权重的研究。采用 FAHP 能够在一定程度上降低评估过程中人为主观因素的影响，保证评估的客观性。

5.1.1 建立并定义 FAHP 的层次结构

在进行 FAHP 分析之前，需要建立并定义其层次结构。为了能够实现对云服务可信性整体的评估以及不同维度的评估，本节基于图 4-3，划分了对应的 FAHP 层次结构，其中各层含义如下：

(1)首先将云服务的可信性评估权重分析确定为研究的目标，即 FAHP 层次结构的第 1 层。

(2)其次将云服务的可信风险类定义为方案层，即 FAHP 层次结构的第 2 层。

(3)最后将云服务的可信指标定义为指标层，即 FAHP 层次结构的第 3 层。

5.1.2 计算方案层相对于目标层的评估权重

用 $\beta_i = \{\beta_1, \beta_2, \beta_3, \beta_4, \beta_5\}$ 分别表示图 4-3 中云服务的 5 个可信风险类，则根据 FAHP，通过专家打分可以建立得到各风险类相对于目标层的模糊权重矩阵：

$$\boldsymbol{M}_{\beta_i,\beta_j} = \begin{bmatrix} M_{\beta_1,\beta_1} & M_{\beta_1,\beta_2} & M_{\beta_1,\beta_3} & M_{\beta_1,\beta_4} & M_{\beta_1,\beta_5} \\ M_{\beta_2,\beta_1} & M_{\beta_2,\beta_2} & M_{\beta_2,\beta_3} & M_{\beta_2,\beta_4} & M_{\beta_2,\beta_5} \\ M_{\beta_3,\beta_1} & M_{\beta_3,\beta_2} & M_{\beta_3,\beta_3} & M_{\beta_3,\beta_4} & M_{\beta_3,\beta_5} \\ M_{\beta_4,\beta_1} & M_{\beta_4,\beta_2} & M_{\beta_4,\beta_3} & M_{\beta_4,\beta_4} & M_{\beta_4,\beta_5} \\ M_{\beta_5,\beta_1} & M_{\beta_5,\beta_2} & M_{\beta_5,\beta_3} & M_{\beta_5,\beta_4} & M_{\beta_5,\beta_5} \end{bmatrix}$$

矩阵中 M_{β_i,β_j} 表示相对于云服务的可信性，β_i 类和 β_j 类的模糊权重比(该判断依据见表 2-2)，根据 FAHP 理论 M_{β_i,β_j} 是一个三角模糊数，其计算公式如下：

$$\boldsymbol{M}_{\beta_i,\beta_j} = \left(l_{\beta_i,\beta_j}, m_{\beta_i,\beta_j}, u_{\beta_i,\beta_j} \right) = \left(\frac{\sum_{k=1}^{n} l_{\beta_i,\beta_j}^k}{n}, \frac{\sum_{k=1}^{n} m_{\beta_i,\beta_j}^k}{n}, \frac{\sum_{k=1}^{n} u_{\beta_i,\beta_j}^k}{n} \right) \tag{5-1}$$

其中，k 表示参与打分的专家总数；l_{β_i,β_j}^k 表示第 k 个专家给出的关于 β_i 和 β_j 三角模糊权重的下界值；u_{β_i,β_j}^k 表示第 k 个专家给出的关于该三角模糊权重的上界值；m_{β_i,β_j}^k 表示第 k 个专家给出的关于该三角模糊权重的中间值(隶属度最大可能值)。l_{β_i,β_j}^k、u_{β_i,β_j}^k、m_{β_i,β_j}^k 三者共同构成了关于 β_i、β_j 可信风险类的三角模糊权重 M_{β_i,β_j}，其含义如图 5-2 所示。

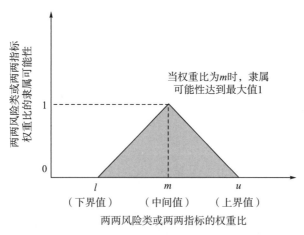

图 5-2 两两风险类或两两指标的三角模糊权重解释

接下来,采用本书第 2 章 FAHP 理论部分所介绍的式(2-2)～式(2-4)便可以计算得到各风险类 β_i 的权重值,其详细步骤如下。

步骤 1　将矩阵中每一列元素相加 $\sum_{j=1}^{4}M_{\beta_i,\beta_j}$,再将其进行归一化处理,得到各可信风险类 β_i 的模糊权重 D_{β_i},　如式(5-2)所示。

$$D_{\beta_i} = \sum_{j=1}^{4}M_{\beta_i,\beta_j} \div \sum_{i=1}^{4}\sum_{j=1}^{4}M_{\beta_i,\beta_j} \tag{5-2}$$

步骤 2　去模糊化,得到去模糊后各风险类 β_i 的权重 d_{β_i}。根据模糊理论,去模糊化的计算公式如式(5-3)和式(5-4)所示。

$$d_{\beta_i} = \min\left(P(D_{\beta_i} \geqslant D_{\beta_j}), j \neq i\right) \tag{5-3}$$

$$P\left(D_{\beta_i} \geqslant D_{\beta_j}\right) = \frac{l_j - u_i}{(m_i - u_i) - (m_j - u_j)} \tag{5-4}$$

公式(5-4)中 $P(D_{\beta_i} \geqslant D_{\beta_j})$ 表示 D_{β_i} 大于或等于 D_{β_j} 的可能性,l、m、u 分别表示各风险类模糊权重 D_{β_i} 的下界值、中间值和上界值。

步骤 3　将所得的 d_{β_i} 进行归一化处理,便可以得到各风险类 β_i 的综合权重,如式(5-5)所示。

$$W_{\beta_i} = \frac{d_{\beta_i}}{\sum_{i=1}^{5}d_{\beta_i}} \tag{5-5}$$

W_{β_i} 表示可信风险类 β_i 相对于整个云服务可信性的评估权重,其值越大说明在进行可信性评估时,该风险类 β_i 所占的权重越大。

5.1.3　计算指标层相对于不同方案层的评估权重

用 $C_i, i = 1, 2, 3, \cdots, 19$ 分别表示图 4-3 中云服务的 19 个可信风险指标,则根据 FAHP,通过专家打分可以建立各指标相对于云服务 5 个不同风险类的模糊权重矩阵:

$$\boldsymbol{M}(\beta_k)_{C_i,C_j} = \begin{bmatrix} M_{C_1,C_1} & M_{C_1,C_2} & M_{C_1,C_3} & \cdots & M_{C_1,C_{19}} \\ M_{C_2,C_1} & M_{C_2,C_2} & M_{C_2,C_3} & \cdots & M_{C_2,C_{19}} \\ M_{C_3,C_1} & M_{C_3,C_2} & M_{C_3,C_3} & \cdots & M_{C_3,C_{19}} \\ \vdots & \vdots & \vdots & & \vdots \\ M_{C_{19},C_1} & M_{C_{19},C_2} & M_{C_{19},C_3} & \cdots & M_{C_{19},C_{19}} \end{bmatrix}$$

矩阵中 $M(\beta_k)_{C_i,C_j}$ 表示相对于风险类 β_k,C_i 指标和 C_j 指标的模糊权重比。同理,按照 5.1.2 节的步骤,依次计算便能够得到各指标 C_i 相对于某风险类 β_k 的权重值 $W(\beta_k)_{C_i}$,该值越大说明指标 C_i 对 β_k 风险类的影响权重越大。

5.1.4　计算得到各指标相对于云服务可信性的评估权重

将 5.1.2 节和 5.1.3 节所得结果相乘并求和，便可得到最低层各可信风险指标相对于顶层云服务可信性评估的权重值，如下所示：

$$W_{C_i} = \sum_{k=1}^{5} W_{\beta_k} \times W(\beta_k)_{C_i} \tag{5-6}$$

W_{C_i} 表示指标 C_i 相对于云服务可信性的评估权重，其值越大，说明该指标对于云服务可信性的影响权重越大。

5.2　基于风险矩阵法的可信性评估

风险矩阵法具有简单易用的特点，能够为云服务的可信评估提供直观的数据。根据风险矩阵法的原理，本书结合表 4-6 所示的可信证据，针对云服务可信风险指标 C_i 的发生频率和后果严重性进行了分级。

1. 云服务整体的可信性评估

用 $P(C_i)$ 表示可信风险指标 C_i 的发生频率分级，$L(C_i)$ 表示可信风险指标 C_i 的后果严重性分级。当计算得到云服务各指标 C_i 的评估权重 W_{C_i} 后，分别将 W_{C_i} 与 $P(C_i)$、$L(C_i)$ 相乘并求和，便可计算得到云服务整体的发生频率分级 P 和后果严重性分级 L，如式 (5-7) 和式 (5-8) 所示。

$$P = \sum_{i=1}^{19} W_{C_i} \times P(C_i) \tag{5-7}$$

$$L = \sum_{i=1}^{19} W_{C_i} \times L(C_i) \tag{5-8}$$

将 P 和 L 代入到表 4-4 所示的风险矩阵中，便能对整个云服务的可信性进行分级。

2. 云服务不同维度的可信性评估

云服务不同维度的可信性评估，即指针对云服务各可信风险类的评估。已知，通过 5.1.3 节的计算，能够得到不同指标相对于各风险类的评估权重 $W(\beta_k)_{C_i}$。同理，分别将 $W(\beta_k)_{C_i}$ 与 $P(C_i)$、$L(C_i)$ 相乘，便能计算得到云服务各可信风险类 (不同维度) 的发生频率分级 $P(\beta_k)$ 和后果严重性分级 $L(\beta_k)$，如式 (5-9) 和式 (5-10) 所示。

$$P(\beta_k) = \sum_{i=1}^{19} W(\beta_k)_{C_i} \times P(C_i) \tag{5-9}$$

$$L(\beta_k) = \sum_{i=1}^{19} W(\beta_k)_{C_i} \times L(C_i) \tag{5-10}$$

将 $P(\beta_k)$ 和 $L(\beta_k)$ 代入到表 4-4 所示的风险矩阵中，便能对云服务不同维度的可信性进行分级。

5.3　案　例　研　究

综上所述,本章提出了基于 FAHP 和风险矩阵的云服务可信性评估方法。为了验证其可行性,本书采用该方法针对某云平台所提供的云服务器进行了案例分析。

1. 评估对象说明

关于该平台及其所提供服务器的特点如下所述。

该平台资产经营良好,具有 5 年以上经营经验,服务模式包含 IaaS、PaaS 和 SaaS,在全球多地都拥有稳定的基础设施,具有上千个网络节点的支持。此次所评估的对象为该平台所提供的基础类云服务器,服务商对于该服务器的介绍包含:产品性能介绍、功能介绍、架构介绍、计费说明、配套工具介绍、部署建议和简单的使用场景概述等。

该服务器是单机实例,CPU 2 核,内存 1G,存储空间 40G,带宽 1M,具备故障转移能力,能够按需实时进行配置更新和服务升级,不具备专门的网络攻击防御支持服务,适用于个人级或小型企业。在进行购买时,明确了相关责任协议。售后方面,平台设置有专门的问题咨询窗口,负责接收所有用户的反馈建议,但是没有专门的人工服务渠道,只能进行工单提交,需要等待较长时间,沟通较为困难。

该公司是一家以农产品销售为主的电商平台,有长期的管理经营经验,其相关业务功能由自己技术人员开发,长期使用云市场所提供的支付接口、第三方登录接口、订单管理服务、短信服务。除服务商所提供的支持外,该公司有自身的流量攻击防御措施,有专门的身份认证和访问控制策略,有明确的员工权限分级,有员工操作记录,支持相关部门的审查和监督。

2. 评估前准备

针对上述的云服务环境,本书一共召集了 10 名领域内专家,结合本章方法根据其相关特点进行了打分。在计算过程中,为了加快计算的效率,我们根据 FAHP,按照 5.1.2 节~5.1.4 节的计算步骤开发了专门的 FAHP 计算分析工具。在进行逐层的权重评估时,专家将打分数据输入到该工具中,便能够自动检验所建立的判断矩阵是否满足 FAHP 的一致性检验要求,并成功返回矩阵中各指标的评估权重。如若所建立的判断矩阵不能够通过一致性检验,则专家需要对所建立的判断矩阵重新进行调整,直到其通过一致性检验。

3. FAHP 评估结果

在经过多次计算、调整后,本书得到了关于该服务不同风险类以及各指标的评估权重,如表 5-1 所示。

表 5-1　基于 FAHP 的可信风险类及相关指标评估权重

	β_1	β_2	β_3	β_4	β_5	
$W(\beta_i)$	0.09	0.19	0.41	0.26	0.05	
	W_{C_i}		β_1	β_2	β_3	β_4	β_5

	W_{C_i}		β_1	β_2	β_3	β_4	β_5
C_1	0.043	$W(\beta_k)_{C_1}$	0.129	0.113	0.011	0.015	0.024
C_2	0.042	$W(\beta_k)_{C_2}$	0.100	0.099	0.011	0.030	0.024
C_3	0.036	$W(\beta_k)_{C_3}$	0.043	0.014	0.011	0.091	0.024
C_4	0.054	$W(\beta_k)_{C_4}$	0.100	0.014	0.034	0.106	0.024
C_5	0.052	$W(\beta_k)_{C_5}$	0.086	0.042	0.045	0.045	0.012
C_6	0.067	$W(\beta_k)_{C_6}$	0.086	0.099	0.057	0.076	0.012
C_7	0.050	$W(\beta_k)_{C_7}$	0.014	0.014	0.080	0.015	0.082
C_8	0.051	$W(\beta_k)_{C_8}$	0.029	0.127	0.091	0.015	0.094
C_9	0.047	$W(\beta_k)_{C_9}$	0.057	0.028	0.057	0.045	0.035
C_{10}	0.061	$W(\beta_k)_{C_{10}}$	0.014	0.028	0.091	0.015	0.106
C_{11}	0.099	$W(\beta_k)_{C_{11}}$	0.057	0.042	0.102	0.106	0.012
C_{12}	0.068	$W(\beta_k)_{C_{12}}$	0.071	0.113	0.102	0.015	0.047
C_{13}	0.051	$W(\beta_k)_{C_{13}}$	0.043	0.070	0.091	0.015	0.012
C_{14}	0.060	$W(\beta_k)_{C_{14}}$	0.014	0.014	0.057	0.121	0.035
C_{15}	0.058	$W(\beta_k)_{C_{15}}$	0.029	0.042	0.011	0.106	0.106
C_{16}	0.055	$W(\beta_k)_{C_{16}}$	0.043	0.070	0.045	0.076	0.094
C_{17}	0.033	$W(\beta_k)_{C_{17}}$	0.014	0.028	0.023	0.045	0.106
C_{18}	0.024	$W(\beta_k)_{C_{18}}$	0.014	0.028	0.023	0.015	0.082
C_{19}	0.047	$W(\beta_k)_{C_{19}}$	0.057	0.014	0.057	0.045	0.071

4. 各指标分级结果

由上述的 10 名专家结合本书表 4-6 所提出的可信证据，针对该服务的可信指标进行了评测，将 10 名专家的评测结果进行汇总并求平均值后，得到如表 5-2 所示的分级结果。

表 5-2 各指标分级结果

	C_1	C_2	C_3	C_4	C_5	C_6	C_7
发生频率分级 $P(C_i)$	2.1	1.8	2.3	1.2	3.5	1.2	1.2
后果严重性分级 $L(C_i)$	3.0	1.5	1.8	1.0	3.2	2.1	2.0

	C_8	C_9	C_{10}	C_{11}	C_{12}	C_{13}	C_{14}
发生频率分级 $P(C_i)$	1.5	1.6	1.2	2.0	1.2	2.3	1.2
后果严重性分级 $L(C_i)$	3.0	1.3	2.6	2.7	3.1	2.9	2.3

	C_{15}	C_{16}	C_{17}	C_{18}	C_{19}
发生频率分级 $P(C_i)$	2.0	2.5	2.0	1.0	2.0
后果严重性分级 $L(C_i)$	1.5	3.3	2.0	2.0	1.7

5. 云服务的可信分级

将表 5-1 和表 5-2 的结果依次代入到式(5-7)、式(5-8)，得到如表 5-3 所示结果。

表 5-3 各维度和整体可信风险发生频率和后果严重性分级结果

	各维度可信风险发生频率和后果严重性可信性分级				
分级	各维度				
	β_1	β_2	β_3	β_4	β_5
发生频率分级 $P(\beta_k)$	1.88	1.79	1.69	1.81	1.68
后果严重性分级 $L(\beta_k)$	2.26	2.52	2.46	2.11	2.26
整体可信风险发生频率和后果严重性分级					
P			L		
1.8			2.4		

最终根据风险矩阵法，将表 5-3 的数据代入到表 4-4 的风险矩阵中，评测得到该云服务整体可信性和不同维度可信性的分级结果，如表 5-4 所示。

表 5-4 云服务可信分级结果

各维度可信性分级				
β_1	β_2	β_3	β_4	β_5
4.25(II级)	4.5(II级)	4.16(II级)	3.82(I级)	3.81(I级)
整体可信性分级				
4.1(II级)				

6. 评估结果分析说明

1) 整体可信性分级

由表 5-7 的结果可见，该公司云服务环境的整体可信性分级为 II 级，说明该公司云服务环境存在一定风险，为基本可信级别。进一步观察表 5-6 的结果，能够看出该公司云服务环境的可信风险发生频率为 1.8，后果严重性为 2.4，说明该公司风险发生的频率较低，一旦风险发生将会造成较小的经济损失，影响到部分服务的收益。

2) 不同类别可信风险分级

观察表 5-7 中不同类别的可信风险分级，能够看出该公司云服务的应用环境可信性分级 (β_4) 为 I 级，属于完全可信级别，说明该公司几乎不会受到应用环境风险的影响，拥有良好的基础设施环境、网络环境及稳定的应用场景等。

另外该云服务环境的法律法规可信风险 (β_5) 为 I 级，同样属于完全可信级别，说明该云服务的运营符合法律法规的要求，有较为明确的责任归属和隐私保护协议，能够支持相关部门的监督和审查。

除应用环境可信风险分级和法律法规可信风险分级外，该服务其他类的可信风险均为基本可信级别，均存在一定的风险。

3) 关键可信风险类及可信风险因素分析

由图 5-3 可见该公司云服务环境中，人为可信风险的分级最高，说明该公司存在相对较大的人为可信风险 (β_2)。为了继续找到影响该云服务环境人为可信风险的关键因素，本书将表 5-4 中各可信风险指标相对于 β_2 可信风险类的评估权重转换为了对应的柱状图，如图 5-4 所示。

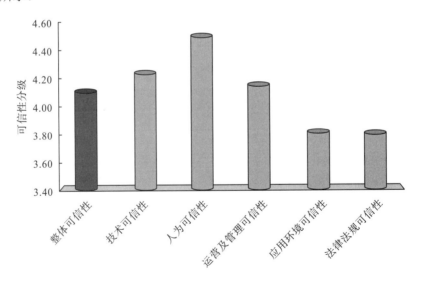

图 5-3   可信性分级柱状图

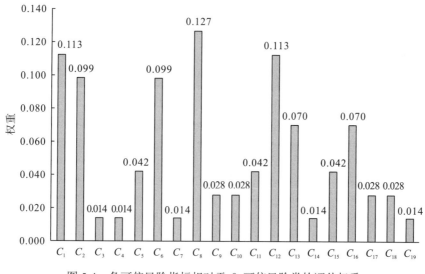

图 5-4 各可信风险指标相对于 β_2 可信风险类的评估权重

由图 5-4 可见，影响权重最大的 3 个可信风险指标分别是：内部员工恶意操作 C_8、员工权限管理 C_{12} 和访问控制和身份认证 C_1。说明该公司需要加强对员工的素质培养，建立完善的员工管理制度，加强对员工权限的控制，并提升相关的访问控制和身份认证技术。

通过上述的案例分析能够看出该方法切实可行。在针对具体的云平台服务进行分析时，能够根据相关服务的特点，实现对该服务可信性的综合评估。

5.4 方法合理性及特点

5.4.1 方法合理性

(1) 具有属性模型支撑。首先本章所提出的方法建立在云服务可信属性模型基础上，有着切实的模型支撑。该模型由 19 个可信风险指标所构成，是通过文献查阅和专家讨论研究所得，并且每一个指标均真实存在于实际的云服务环境中，均能找到对应的实例。另外，在模型的建立过程中，本书并没有将各指标独立地进行分类，而是建立了如图 4-2 所示具有交叉关系的属性模型，这更符合真实的可信风险环境。

(2) 理论方法支持。在评估的过程中，本书结合了 FAHP 和风险矩阵法，两者均是较为成熟的评价或分析方法，有着较为广泛的应用。一方面，将 FAHP 运用到评估过程中，能够保证评估的客观性。另一方面，将风险矩阵法运用到评估过程中，能够实现对云服务可信性的量化评估，同时也能够为评估提供直观的可视化结果。

(3) 设有专门的可信分级和可信证据。除了属性模型外，本书为了保证研究工作的开展，还设立了专门的可信分级和可信证据，为评估提供了参考的依据，实现了对云服务可信性的量化评估。其中，可信分级依照的是风险矩阵法，将云服务的可信分级定义为两个内容，分别是风险发生频率分级和后果严重性分级。可信证据则是根据专家经验，针对每一个可信指标通过讨论分析所得。如表 4-6 所示，本书针对每一个指标的可信证据，都给出了详细的解释。

如上所述，本章所提出的方法科学合理，既有具体的模型支撑，也有相关理论的支持，整个评估过程有据可依、有理可持，实现了对云服务可信性的有效综合评估。

5.4.2 方法优势及不足

基于 FAHP 和风险矩阵的云服务可信评估方法，具有独到的优势，也存在一定的缺点，本书将其相关优势和不足进行了总结，分别如下所述。

1. 优势

(1) 客观性。凭借模糊理论的优势，结合两两比较的方法逐层进行分析，在一定程度上降低了人为主观因素对评估的影响，保证了评估的客观性。

(2) 全面性。围绕 FAHP 的层次结构，既能够对云服务整体的可信性进行评估，也能够针对云服务不同维度的可信性进行评估。

(3) 直观性。采用风险矩阵法进行评估，为云服务的可信性提供了直观、明确的分级规范，实现了对云服务可信性的逐层定量、可视化分析。

2. 不足

(1) 评估指标较多，增添了专家打分的任务量。

(2) 基于 FAHP 和风险矩阵的评估，可能存在多个有效并且正确的评估结果，在缺少信任度描述的前提下，无法为云服务可信风险的管控提供详细的参考。

(3) 仅能针对云服务的可信性给出一个"静态"的评估结果，即关于云服务可信评估的结果始终是一个不变的值，不能够完全反映云服务在实际运作过程中的可信性。

如上所述，该方法尚有一些问题亟待解决，针对这些问题，本书在后面的研究中都将展开详细的分析。其中，最关键的一个问题，就是该方法仍然没有解决云服务"静态"评估存在的问题，即未能结合云服务的随机环境，展开对云服务的动态评估分析。因此，为了进一步实现对云服务可信性的动态评估，立足于已有的研究结果，本书将在后续的章节继续展开相关的研究和分析。

第6章 基于模糊熵的云服务可信性研究

"可信"是一个抽象且模糊的概念，"可信"与"不可信"之间也并不存在一个明确的界线，它不是一个非此即彼的概念。如若用一个固定的数值去表示云服务的可信性，这样的描述显然是不够准确的，它并不能够客观地反映真实的云服务可信性。

因此，为了能够为用户提供更具有参考价值的评估结果，本书提出用模糊集去描述一个云服务的可信性，从而结合云服务的可信环境，从变化的角度去看待和评估云服务的可信性。

6.1 云服务的可信环境

根据世界权威组织——可信计算组织(trusted computing group，TCG)的定义[4]，一个服务若总是按照它所预期的方向发展，则说明该服务是可信的；反之，一个服务由于各类风险因素导致其不能够继续正常的运行，则此时该服务是不可信的。可见，云服务的可信性并非一成不变的，正常情况下，其总是处在可信与不可信两种绝对状态之间。

如上所述，云服务的可信环境具有多种可能的随机状态，既包含可信的状态，也包含不可信的状态，其状态总是受到各类不同风险因素的影响。据此，本书将云服务的可信环境定义为"云服务的可信风险随机环境"，将其可信环境视为一个受到多个风险类影响的随机环境。

6.2 基于模糊熵的可信性描述

由于云服务的可信性是一个模糊的概念，不能用一个确切的数值直接进行描述，造成其可信环境也难以进行描述和分析。针对此特点，本书将结合模糊熵理论对其可信性进行描述。

1. 论域 U

根据模糊熵理论，本书将云服务的可信性环境视为研究的论域，即 $U = \{\beta_1, \beta_2, \beta_3, \beta_4, \beta_5\}$。该论域 U 包含 5 个模糊变量，分别是本书所提出的云服务的 5 个可信风险类：技术可信风险 β_1、人为可信风险 β_2、运营及管理可信风险 β_3、应用环境可信风险 β_4 和法律法规可信风险 β_5。

2. 模糊集

为了更准确地描述云服务的可信性，本书将云服务的可信状态划分为了 4 个模糊集，

分别是极其可信 A_1、基本可信 A_2、临界可信 A_3 和不可信 A_4。

3. 隶属度

隶属度指论域 U 内的任意一个 β_i 隶属于模糊集 A_j 的可能性程度，在本章的研究中它具有具体的含义，即表示云服务可信环境 U 内任意一个可信风险类 β_i 隶属于某模糊集 A_j 的可能性程度，其值位于 $[0,1]$ 区间内。

4. 隶属度函数

隶属度函数指某元素 β_i 隶属于模糊集 A_j 的可能性的对应函数，其数学表示为 $\mu_{A_j}(\beta_i)$。在本章，它则表示某可信风险类 β_i 隶属于某模糊集 A_j 可能性程度的对应函数。

5. 模糊熵

模糊熵用于描述一个模糊集的模糊性程度，熵越大则说明该模糊集的模糊程度越高。在本章，它同样具有特殊的含义，如下所述。

定义 6-1   这里的模糊熵用于描述云服务可信性 4 个不同模糊集 $\{A_1,A_2,A_3,A_4\}$ 的模糊程度，关于某模糊集 A_j 的熵值 $E(A_j)$ 越大，则说明该模糊集 A_j 的模糊程度越高；反之 $E(A_j)$ 值越小，则说明该模糊集的模糊程度越低。当 $E(A_j)$ 越接近于 0 时，也就意味着整个云服务的可信性越有可能属于该模糊集。

6.3   云服务可信性模糊集隶属度函数的构建

通过 6.2 节的定义，本章结合模糊理论对云服务的可信性进行了描述，将模糊熵的概念融入到了云服务的可信性研究过程中，赋予了云服务可信性及其环境新的含义。其中，有一个关键的问题需要解决，即如何构建云服务可信性模糊集的隶属度函数。常见的隶属度函数构建方法包括模糊统计法、例证法和专家经验法[101]。

(1)模糊统计法，指采用实验统计的方法，用单例出现的次数除以实验的总次数，用统计概率来表示其隶属度。该方法需要展开大量的实验，对统计次数的要求较高。

(2)例证法，是一种归纳推理的方法，即采用举例论证的方法定义其隶属度，用已知的值来推理模糊集的隶属度。该方法对证据的要求较高，需要给出已有的明确事实。

(3)专家经验法，指根据专家经验，通过加权计算和讨论分析定义其隶属度函数。该方法对权重计算的要求较高，存在一定人为主观因素的影响。

如上所述，这几种方法均存在一定的弊端，采用任何一种单一的方法都不足以用于构建云服务可信性模糊集的隶属度函数。因此，本书选择在专家经验法的基础上，采用风险矩阵法构建其隶属度函数，即在第 5 章所提出的评估方法基础上，构建其隶属度函数。

为了构建其隶属度函数，本书根据风险矩阵法针对"极其可信、基本可信、临界可信和不可信"几个模糊集的概念进行了定义，如表 6-1 所示。

表 6-1　基于风险矩阵法的模糊集分级定义

	含义	发生频率分级	后果严重性分级
极其可信 A_1	极其可信表示该服务的可信度极高,风险几乎不会发生,后果严重性较低	$P(A_1)=1$	$L(A_1)=1$
基本可信 A_2	基本可信表示该服务的可信度一般,风险发生频率和后果严重性都为一般等级	$P(A_2)=2$	$L(A_2)=2$
临界可信 A_3	临界可信表示该服务处于不可信的边缘,发生频率和后果严重性分级都比一般值高	$P(A_3)=3$	$L(A_3)=3$
不可信 A_4	不可信表示该服务可信度已然不合格,是不可信的,风险频率极高,几乎不可避免,损失惨重	$P(A_4)=4$	$L(A_4)=4$

根据表 6-1 所示的分级定义,本书构建了云服务可信性模糊集的隶属度函数,如式(6-1)所示。

$$\mu_{A_j}(\beta_i)=\begin{cases}\dfrac{P(A_j)\times L(A_j)}{P(\beta_i)\times L(\beta_i)}, & P(\beta_i)\times L(\beta_i)\geqslant P(A_j)\times L(A_j)\\[3mm]\dfrac{P(\beta_i)\times L(\beta_i)}{P(A_j)\times L(A_j)}, & P(\beta_i)\times L(\beta_i)<P(A_j)\times L(A_j)\end{cases}\tag{6-1}$$

该公式具有如图 6-1 所示的几何含义。

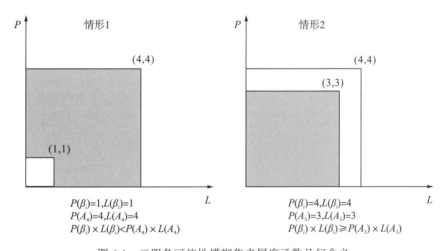

图 6-1　云服务可信性模糊集隶属度函数几何含义

情形 1:如图 6-1 左边几何图所示,当 $P(\beta_i)=1$, $L(\beta_i)=1$ 时, $P(\beta_i)\times L(\beta_i)<P(A_4)\times L(A_4)$ 。此时,某可信风险类 β_i 隶属于模糊集 A_4 的隶属度函数为 $\left[P(\beta_i)\times L(\beta_i)\right]/\left[P(A_4)\times L(A_4)\right]=1/16$,其几何含义为两者之间相交的面积除以模糊集 A_4 所占的面积,意味着某可信风险类 β_i 只有 $1/16$ 的可能性隶属于模糊集 A_4 。

情形 2:如图 6-1 右边几何图所示,当 $P(\beta_i)=4$, $L(\beta_i)=4$ 时, $P(\beta_i)\times L(\beta_i)\geqslant P(A_3)\times L(A_3)$ 。此时,某可信风险类 β_i 隶属于模糊集 A_4 的隶属度函数为 $\left[P(A_3)\times L(A_3)\right]/\left[P(\beta_i)\times L(\beta_i)\right]=9/16$,该值表示某可信风险类 β_i 有 $9/16$ 的可能性隶属于模糊集 A_3 ,其

几何含义为两者之间相交的面积除以某可信风险类 β_i 所占的面积，意味着某可信风险类 β_i 只有 $9/16$ 的可能性隶属于模糊集 A_4。

情形 3：当 $P(\beta_i) \times L(\beta_i) = P(A_j) \times L(A_j)$ 时，根据公式某可信风险类 β_i 隶属于模糊集 A_j 的隶属度为 1，其几何含义为两者之间相交面积完全重叠，表示某可信风险类 β_i 明确地隶属于模糊集 A_j。

如上所述，图 6-1 用几何图形的含义解释了本书所提出的隶属度函数，该函数的构建采用了风险矩阵法，其隶属度的评判具有几何含义，说明该函数是科学合理的。接下来，将上述隶属度函数代入风险矩阵中，则可以得到如表 6-2 所示的隶属度查询表。

表 6-2　某可信风险类 β_i 隶属于模糊集 A_j 的隶属度查询表

隶属度函数		$L(\beta_i)=1$	$L(\beta_i)=2$	$L(\beta_i)=3$	$L(\beta_i)=4$
$\mu_{A_1}(\beta_1)$		1/4	1/8	1/12	1/16
$\mu_{A_2}(\beta_1)$		4/4	4/8	4/12	4/16
$\mu_{A_3}(\beta_1)$	$P(\beta_i)=4$	4/9	8/4	9/12	9/16
$\mu_{A_4}(\beta_1)$		4/16	8/16	12/16	16/16
$\mu_{A_1}(\beta_2)$		1/3	1/6	1/9	1/12
$\mu_{A_2}(\beta_2)$		3/4	4/9	4/9	4/12
$\mu_{A_3}(\beta_2)$	$P(\beta_i)=3$	3/9	6/9	9/9	9/12
$\mu_{A_4}(\beta_2)$		3/16	6/16	9/16	12/16
$\mu_{A_1}(\beta_3)$		1/2	1/4	1/6	1/8
$\mu_{A_2}(\beta_3)$		2/4	4/4	4/6	4/8
$\mu_{A_3}(\beta_3)$	$P(\beta_i)=2$	2/9	4/9	6/9	8/9
$\mu_{A_4}(\beta_3)$		2/16	4/16	6/16	8/16
$\mu_{A_1}(\beta_4)$		1/1	1/2	1/3	1/4
$\mu_{A_2}(\beta_4)$		1/4	2/4	3/4	4/4
$\mu_{A_3}(\beta_4)$	$P(\beta_i)=1$	1/9	2/9	3/9	4/9
$\mu_{A_4}(\beta_4)$		1/16	2/16	3/16	4/16

结合表 6-2 的结果进行查询后，便能够得到各隶属度函数 $\mu_{A_j}(\beta_i)$，接下来，将隶属度 $\mu_{A_j}(\beta_i)$ 代入到模糊熵的计算公式，便可求得云服务可信性不同模糊集的熵值 $E(A_j)$，如式 (6-2) 所示。

$$E\left(A_j\right) = -k\sum_{i=1}^{5}\left[\mu_{A_j}\left(\beta_i\right)\times\log_2\mu_{A_j}\left(\beta_i\right) + \left(1-\mu_{A_j}\left(\beta_i\right)\right)\times\log_2\left(1-\mu_{A_j}\left(\beta_i\right)\right)\right] \qquad (6\text{-}2)$$

式(6-2)中，$k \geqslant 0$ 是一个常数，为了将评估结果归一化，本书将 k 值设为 $1/n$，即 $1/4$。$E\left(A_j\right)$ 则表示模糊集 A_j 的模糊熵，它用模糊的结果描述了云服务的可信性。

6.4 案 例 分 析

6.4.1 计算过程

为了验证该方法的可行性，本章将上述方法代入到第 5 章所提及的云服务环境中进行案例分析。

步骤 1 首先将表 5-3 中的分级数据取整后，代入到表 6-2 中进行查询，通过查询得到如表 6-3 所示的隶属度结果。

表 6-3 各可信风险类 β_i 相对于模糊集 A_j 隶属度

隶属度函数	隶属度
$\mu_{A_1}(\beta_1)$	1/4
$\mu_{A_2}(\beta_1)$	4/4
$\mu_{A_3}(\beta_1)$	4/9
$\mu_{A_4}(\beta_1)$	4/16
$\mu_{A_1}(\beta_2)$	1/6
$\mu_{A_2}(\beta_2)$	4/6
$\mu_{A_3}(\beta_2)$	6/9
$\mu_{A_4}(\beta_2)$	6/16
$\mu_{A_1}(\beta_3)$	1/4
$\mu_{A_2}(\beta_3)$	4/4
$\mu_{A_3}(\beta_3)$	4/9
$\mu_{A_4}(\beta_3)$	4/16
$\mu_{A_1}(\beta_4)$	1/4
$\mu_{A_2}(\beta_4)$	4/4
$\mu_{A_3}(\beta_4)$	4/9
$\mu_{A_4}(\beta_4)$	4/16

隶属度函数	隶属度
$\mu_{A_1}(\beta_5)$	1/4
$\mu_{A_2}(\beta_5)$	4/4
$\mu_{A_3}(\beta_5)$	4/9
$\mu_{A_4}(\beta_5)$	4/16

步骤 2 在得到各隶属度后，将 $\mu_{A_j}(\beta_i)$ 的值代入到模糊集的表示方法中，可以得到如下结果。

$$A_1 = 0.25 / \beta_1 + 0.17 / \beta_2 + 0.25 / \beta_3 + 0.25 / \beta_4 + 0.25 / \beta_5$$
$$A_2 = 1.00 / \beta_1 + 0.67 / \beta_2 + 1.00 / \beta_3 + 1.00 / \beta_4 + 1.00 / \beta_5$$
$$A_3 = 0.44 / \beta_1 + 0.67 / \beta_2 + 0.44 / \beta_3 + 0.44 / \beta_4 + 0.44 / \beta_5$$
$$A_4 = 0.25 / \beta_1 + 0.38 / \beta_2 + 0.25 / \beta_3 + 0.25 / \beta_4 + 0.25 / \beta_5$$

注意，这里的符号"/"和"+"不是传统意义上的除和加，它们不具备数学的计算含义，仅仅是两个符号，用于描述模糊集 A_j。

步骤 3 进一步将表 6-3 中数据依次代入到式(6-2)中进行计算，可以得到云服务可信性不同模糊集的熵值 $E(A_j)$，如下所示。

$$E(A_1) = 0.78$$
$$E(A_2) = 0.18$$
$$E(A_3) = 0.60$$
$$E(A_4) = 0.59$$

6.4.2 评估结果分析

根据本章所提出的定义 6-1，$E(A_j)$ 越接近于 0 时，表示整个云服务的可信性越有可能属于该模糊集。根据该定义，本书将 $E(A_j)$ 的值从小到大进行排序，如下所示。

$$E(A_2) < E(A_4) < E(A_3) < E(A_1)$$

$E(A_2)$ 的值最低，说明该云服务隶属于基本可信的可能性程度最大，这一点与本书第 5 章所得评估结果一致。

6.4.3 方法比较

与第 5 章所提出的评估方法相比，本章没有直接对云服务的可信性给出一个绝对的判断，而是结合模糊理论展开对云服务的评估，其评估结果分别描述了该服务隶属于 A_1、A_2、A_3 和 A_4 四种不同可信状态的概率。这样的表示方法更具客观性。

6.5　本　章　小　结

综上所述，本章将模糊熵的概念融入了云服务可信性的研究过程中，结合模糊熵针对云服务的可信性及其可信环境进行了描述，用模糊集来描述云服务的可信性。

通过本章的论述，已知云服务的可信性是一个难以界定的模糊概念。因此，相对于用一个固定不变的分级来描述云服务的可信性，本章实现了对云服务可信性的模糊综合评估，其评估结果更为客观。

第7章 基于马尔可夫链的云服务动态评估

通过前面的研究，本书实现了对云服务可信性的"静态"评估和模糊综合评估，在此基础上，本章将继续展开对云服务可信性的动态评估研究。对此，本章将围绕云服务可信环境的特点，基于马尔可夫链定义云服务的随机可信状态及其状态转移矩阵，从而结合马尔可夫链的相关公式预测其可信性的变化，最终实现对云服务可信性的动态评估。

7.1 基于马尔可夫链的可信状态矩阵及转移矩阵

马尔可夫链是数理统计中的经典理论，泛指一种具有离散集和随机状态空间的过程，它适用于对具有随机过程的事物进行分析。在马尔可夫链中，有两个重要的概念：一个是事物的随机状态空间；另一个则是状态之间的转移矩阵。通过两者的结合，就能够有效描述事物的随机状态及其转移过程，从而模拟其随机变化过程。由于在实际的应用过程中，云服务的可信环境受到各类随机风险因素的影响，造成其可信性始终处于一个波动的状态，只有经过长期的运营和管理才能逐渐维持在一个较为稳定的状态。因此，要展开对云服务可信性的动态评估，首先需要定义其可信状态矩阵和状态转移矩阵。

7.1.1 云服务的可信状态矩阵

根据第 6 章的研究，本书将云服务的可信状态划分为了 4 个模糊集，分别是极其可信 A_1、基本可信 A_2、临界可信 A_3 和不可信 A_4，在不同风险类的影响下它们共同构成了云服务的可信状态。

定义 7-1 据模糊熵的概念，模糊熵 $E(A_j)$ 的值越小，说明该集合越清晰，集合内元素的隶属度越明确，在本书的研究中则表示云服务的各类风险隶属于 A_j 状态的可能性越高，也就意味着该服务可信性处于 A_j 状态的可能性越大。

根据上述定义，可以用 $P(A_j)$ 表示云服务可信性处于 A_j 状态的可能性，其计算公式为

$$P(A_j) = \sum_{j=1}^{4} \frac{1}{E(A_j)} \tag{7-1}$$

用 $S(t)$ 表示 t 时刻云服务的可信状态，则其可信状态矩阵为

$$S(t) = \left| P^t(A_1), P^t(A_2), P^t(A_3), P^t(A_4) \right|$$

矩阵中的 $P^t(A_j)$ 表示 t 时刻云服务的可信状态分别是极其可信、基本可信、临界可信和不可信的概率，$\sum_{j=1}^{4} P^t(A_j) = 1$。当得到云服务的可信状态矩阵 $S(t)$ 后，本书进一步定义

了其随机状态空间，如图 7-1 所示。

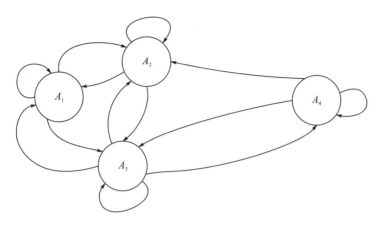

图 7-1　云服务可信状态空间

由图 7-1 可见，随着时间的变化，由于各类风险的随机影响，造成云服务的可信状态之间势必存在相互的转换，这与真实的云服务应用情形相符合。

7.1.2　云服务的可信状态转移矩阵

云服务可信状态的变化，是由于各类风险的影响所造成，这些风险包括技术可信风险 β_1、人为可信风险 β_2、运营及管理可信风险 β_3、应用环境可信风险 β_4 和法律法规可信风险 β_5 等。考虑到这些可信风险对云服务可信性的影响，本书建立了云服务的可信状态转移矩阵（state transition matrix，STM）：

$$\mathbf{STM} = \begin{vmatrix} P(A_{1\to1}) & P(A_{1\to2}) & P(A_{1\to3}) & P(A_{1\to4}) \\ P(A_{2\to1}) & P(A_{2\to2}) & P(A_{2\to3}) & P(A_{2\to4}) \\ P(A_{3\to1}) & P(A_{3\to2}) & P(A_{3\to3}) & P(A_{3\to4}) \\ P(A_{4\to1}) & P(A_{4\to2}) & P(A_{4\to3}) & P(A_{4\to4}) \end{vmatrix}$$

矩阵中元素 $P(A_{i\to j})$ 表示云服务可信性从第 i 个可信状态转移到第 j 个可信状态的概率，$\sum_{j=1}^{4} P(A_{i\to j}) = 1$，其计算步骤如下所述。

步骤 1　根据马尔可夫原理，用于预测分析的第一个状态可以是其随机过程中的任意一个状态。因此，在这里以 t 时刻的状态为参考，首先求得云服务可信状态处于 A_i 的概率，即根据式（7-1）获取 $P(A_i)$。

步骤 2　根据各可信风险类的隶属度，求得云服务可能转移到 A_j 状态的隶属度之和：

$$\mu(A_j) = \sum_{i=1}^{5} \mu_{A_j}(\beta_i) \tag{7-2}$$

根据隶属度的含义，该值表示了云服务在整个运营期间由于受到各类风险的影响将会转移到 A_j 状态的可能性程度。其值越大，说明其可能性越大。

步骤 3　以 t 时刻的状态为参考,计算其转移概率 $P\left(A_{i\to j}\right)$。已知在转移矩阵 STM 中存在两种类型的元素,如下所述。

(1)对角线上元素 $P\left(A_{i\to j}\right), i = j$。它表示云服务可信状态 A_i 保持不变的概率。

(2)非对角线上元素 $P\left(A_{i\to j}\right), i \ne j$。它表示云服务可信状态从 A_i 转移到 A_j 的概率。

因此,在计算的过程中,本章针对这两种不同类型的转换进行了区别计算。对于对角线上元素,其计算公式如式(7-3)所示。

$$P'\left(A_{i\to j}\right) = P\left(A_i\right) \times \mu\left(A_j\right), \ i = j \tag{7-3}$$

即用 t 时刻云服务处于 A_i 状态的概率,乘以它即将转移到 A_j 状态的可能性程度,其结果 $P'\left(A_{i\to j}\right)$ 越大,则说明该云服务保持不变的概率越大。

而对于非对角线上元素,其计算公式如式(7-4)所示。

$$P'(A_{i\to j}) = (1 - P(A_i)) \times \mu(A_j), \ i \ne j \tag{7-4}$$

即用 t 时刻云服务已经不再属于 A_i 的概率,乘以它即将转移到 A_j 状态的可能性程度,其结果 $P'\left(A_{i\to j}\right)$ 越大,则说明该云服务由可信状态 A_i 转移到 A_j 的概率越大。

最终将式(7-3)和式(7-4)的计算结果按行进行归一化处理便可以得到其转移概率 $P\left(A_{i\to j}\right)$,如式(7-5)所示。

$$P\left(A_{i\to j}\right) = \frac{P\left(A_i\right) \times \mu\left(A_j\right)}{\left(\sum_{j=1}^{4} P\left(A_i\right) \times \mu\left(A_j\right)\right)} \tag{7-5}$$

7.2　基于马尔可夫链的动态评估方法

在得到云服务的可信状态矩阵 $S(t)$ 和状态转移矩阵 STM 后,便能够套用马尔可夫链的计算公式,对 t 时刻以后的云服务可信状态进行预测评估,如式(7-6)所示。

$$S(t+k) = S(t)\mathbf{STM}^k \tag{7-6}$$

式中,$k > 1$,是一个整数,代表该云服务的状态经过了多少次转换;$\mathbf{STM}^k$ 则表示转移矩阵 $\mathbf{STM}$ 的 k 次方。

在得到式(7-6)后,可以进行以下定义。

定义 7-2　根据马尔可夫链原理,当 k 值足够大时,即经过了足够次数的转换后,该云服务的可信状态 $S(t+k)$ 最终将趋于一个稳定的状态,此时的云服务可信状态称为其稳定可信状态 $\hat{S}$,它表示在长期稳定运营状态下该服务的可信性状态。

$$\hat{S} = \left| \hat{P}\left(A_1\right), \hat{P}\left(A_2\right), \hat{P}\left(A_3\right), \hat{P}\left(A_4\right) \right|$$

关于上述稳定可信状态 $\hat{S}$ 的计算步骤如下所述。

步骤 1　计算得到其可信状态矩阵,并将该矩阵设定为 t 时刻的可信状态矩阵 $S(t)$。

步骤 2　计算其状态转移矩阵 STM。

步骤 3　将 $S(t)$ 和 **STM** 相乘，获得下一个时刻的可信状态矩阵，即 t+1 时刻的可信状态矩阵。

步骤 4　不断重复步骤 3，直到 $S(t+k)$ 的状态矩阵不再变化时，即 $S(t+k)=S(t+k-1)$ 时，根据马尔可夫链原理，$S(t+k)$ 即表示云服务的稳定可信状态 $\hat{S}$。

$\hat{S}$ 矩阵中，$\hat{P}(A_j)$ 的值则表示在经过长期稳定运营后，该云服务可能属于 A_j 状态的概率，其值越大，则说明该云服务的整体可信状态越接近于 A_j 状态。

7.3　案　例　研　究

为了验证上述方法的可行性，并论述其特点，本章将仍然以第 5 章所介绍的云服务为评估对象。针对该服务，延续使用第 6 章模糊评估的结果，结合本章所提出的动态评估方法展开案例分析。

7.3.1　计算步骤

(1)获取该服务的可信状态矩阵 $S(t)$。

将本书 6.4 节案例分析的结果 $E(A_j)$ 代入到式(7-1)中，可以计算得到该服务 t 时刻的可信状态矩阵：

$$S(t)=\left|P^t(A_1),P^t(A_2),P^t(A_3),P^t(A_4)\right|=\left|0.127,0.540,0.165,0.168\right|$$

(2)计算其状态转移矩阵 **STM**。

接下来，将表 6-3 的数据代入到 7.1.2 节的计算步骤中，依次可以得到如下数据：

$$\mu(A_1)=1.17$$
$$\mu(A_2)=4.67$$
$$\mu(A_3)=2.44$$
$$\mu(A_4)=1.38$$

它们分别表示所评估服务可能转移到 A_j 状态的隶属度总和。将表 7-1 和表 7-2 中的数据依次代入到式(7-3)~式(7-5)中进行计算，则可以得到该服务的状态转移矩阵：

$$\mathbf{STM}=\begin{vmatrix}P(A_{1\rightarrow1}) & P(A_{1\rightarrow2}) & P(A_{1\rightarrow3}) & P(A_{1\rightarrow4})\\ P(A_{2\rightarrow1}) & P(A_{2\rightarrow2}) & P(A_{2\rightarrow3}) & P(A_{2\rightarrow4})\\ P(A_{3\rightarrow1}) & P(A_{3\rightarrow2}) & P(A_{3\rightarrow3}) & P(A_{3\rightarrow4})\\ P(A_{4\rightarrow1}) & P(A_{4\rightarrow2}) & P(A_{4\rightarrow3}) & P(A_{4\rightarrow4})\end{vmatrix}$$

$$=\begin{vmatrix}0.020 & 0.539 & 0.282 & 0.159\\ 0.139 & 0.474 & 0.247 & 0.140\\ 0.027 & 0.535 & 0.280 & 0.158\\ 0.027 & 0.535 & 0.280 & 0.158\end{vmatrix}$$

(3)计算该服务的稳定可信状态 $\hat{S}$ 。

最终，将步骤(1)和步骤(2)的计算结果代入到式(7-6)中不断进行计算，直到云服务的可信状态不再变化时，取得其稳定可信状态 $\hat{S}$ ，其结果如表 7-1 所示。

表 7-1　所评估服务的可信状态变化过程及稳定可信状态

	$P(A_1)$	$P(A_2)$	$P(A_3)$	$P(A_4)$
$S(t)$	0.127	0.540	0.165	0.168
$S(t+1)$	0.0865	0.5025	0.2625	0.1485
$S(t+2)$	0.0826	0.5046	0.2637	0.1491
$S(t+3)$	0.0829	0.5045	0.2636	0.1491
$S(t+4)$	0.0828	0.5045	0.2636	0.1491
$S(t+5)$	0.0828	0.5045	0.2636	0.1491
	$\hat{P}(A_1)$	$\hat{P}(A_2)$	$\hat{P}(A_3)$	$\hat{P}(A_4)$
$\hat{S}$	0.0828	0.5045	0.2636	0.1491
k	5			

将表 7-1 中的数据转换为折线图，如图 7-2 所示。

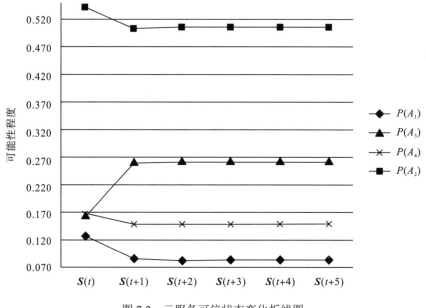

图 7-2　云服务可信状态变化折线图

7.3.2 评估结果分析

1. 稳定可信状态分析

由表 7-1 可见，该云服务的稳定可信状态矩阵为

$$\hat{S} = \left| \hat{P}(A_1), \hat{P}(A_2), \hat{P}(A_3), \hat{P}(A_4) \right|$$

$$= \left| 0.0828, 0.5045, 0.2636, 0.1491 \right|$$

矩阵中 $\hat{P}(A_2) > \hat{P}(A_3) > \hat{P}(A_4) > \hat{P}(A_1)$，说明该云服务在长期稳定运营后最终的可信状态隶属于 A_2 的可能性最大，即表示该云服务环境接近于"基本可信"的状态，这点与之前的评估研究结果一致。

2. 变化趋势分析

由图 7-2 可见，与 t 时刻的状态相比，该云服务隶属于 A_1、A_2 和 A_4 的可能性程度 $P(A_1)$、$P(A_2)$ 和 $P(A_4)$ 有所下降，而隶属于 A_3 的可能性程度 $P(A_3)$ 有所提升。这说明该云服务有接近于"临界可信"的变化趋势，即表示在长期稳定运营过程中该云服务的可信性虽然能够维持在"基本可信"的状态，但是由于各类风险的影响，其可信性将会有所下降。

3. k 值分析

由表 7-1 可见，该云服务的可信状态在经过了 $k = 5$ 次转换后才趋于稳定，说明该云服务在投入使用后，存在一定的波动周期，经过一定的时间后才能处于稳定状态。另外，结合图 7-2 观察，唯有第一次状态转移所造成的可信性变化较大，后续的状态转移变化趋势都较小，这个现象与实际的云服务应用情形相符合。在实际情况中，对于一个新的云服务，将其投入到具体应用场景后，在刚开始阶段由于各类风险的影响，其可信性势必都会受到较大的影响，这是不可避免的。但是在经过一段时间的运营管理后，其可信性变化都将会逐渐趋于平稳。

如上所述，该云服务总体"基本可信"，与大多数云服务一样，在投入使用的过程中都会受到各类风险的影响，最终趋于一个较为稳定的状态。

7.4 方法合理性及特点

本章提出了基于马尔可夫链的云服务可信性动态评估方法，并将该方法代入到了具体案例中进行评估和分析。通过案例，能够看出该方法是有效的，相对于本书之前所提出的方法有了新的改进。

接下来，本节将对该方法的合理性和特点进行论述。

7.4.1 方法合理性

(1) 构建原理和计算公式依据。该方法基于马尔可夫链原理创建了云服务的可信状态

矩阵和状态转移矩阵，其状态转移的计算公式遵从的是马尔可夫链的预测计算公式，具有可行性。

(2)概念的定义。关于两个矩阵的定义，在本章内容中已经进行了详细的阐释。无论是可信状态矩阵，还是状态转移矩阵，都是结合模糊理论所设定。对于云服务究竟是处于哪一种可信状态，该方法并没有直接给出一个明确判断，而是结合模糊理论进行说明，这更贴近于对具有模糊性事物(如：云服务可信性)的客观描述。

(3)数据的来源。本章用于动态评估的数据，来源于本书之前章节的研究计算结果，该结果是具体而有效的。对于本书之前章节的研究方法，在前面的内容中已经进行了合理性说明，这里不再赘述。

如上所述，本章所提出的方法是基于马尔可夫链原理所得，其概念的定义规范合理、计算公式依据充分，评估输入数据有效而具体，这些都保证了本章所提出方法的合理性。

7.4.2   方法比较

通过案例分析，能够看出，与之前第 5 章和第 6 章所提出的方法相比较，本章的评估方法具有以下特点：

(1)继承了模糊综合评估的优势，实现了对云服务可信性的动态评估。

(2)其评估结果不仅能反映云服务可信性的变化，也能对云服务可信性波动的周期进行预测。

如上所述，本章所提出的方法能够针对云服务可信性的变化进行预测和评估，向用户展示动态的可信性评估结果，为云服务的可信性研究提供了新的评估方法。虽然通过案例分析能够验证该方法在云服务可信评估中的有效性，但是在面对具有更多随机可能性的问题时，该方法的算法效率将会受到一定影响。

第8章 可信评估结果的表示方法研究

可信评估结果是用户选择云服务时的一个重要参考依据,需要能够帮助用户合理地选择适合的服务。

8.1 可信评估结果对云服务选择的影响

为了提出一个面向用户的可信评估结果表示方法,本书调研了不同的群体,包括租用过云服务器的学生、从未使用过云服务的开发人员、租用过云服务的企业用户,以及一些中小型服务接口商代表。通过对这些用户的抽查调研,本书将用户选择云服务时的参考依据进行了归纳,这些参考依据包括服务商所提供的 QoS 参数、用户评价、产品价格、优惠信息、服务商自身介绍、平台推荐信息等。通过调研能够发现,对于没有经验的用户而言,在选择云服务时他们更多关注的是产品的价格,或是直接选用平台所推荐的服务,而忽略了对服务本身质量的考虑。这就造成用户所选择的服务,在实际投入运行的过程中出现了一些与应用本身不相符的问题,导致不得不重新购买或付费升级,造成了不必要的损失。

另外,在两两服务之间,除了功能介绍和产品价格外,并没有给出其他关于两两服务质量方面比较的结果,对于一般用户而言通常就会选择其中价格较低的服务,导致质量较优、价格较高的服务难以销售,造成了"择价而购"的市场现象。

更有一些用户通过平台的推荐,选择了一些包含优惠活动的服务,通过一次性的订购享受优惠政策。然而,当服务真正投入使用后,却发现存在疑难问题时难以联系上相关的服务商;而由于服务商本身的经营不稳定,也经常会遇到服务突然中断、关闭或被迫必须迁移的情形,对企业或个人的运营造成损失。

如上所述,在缺少有效评估结果参考的情况下,云用户的利益难以得到保证。云服务的可信评估结果直接影响到用户在购买时所做出的选择,决定了一个应用是否能够按照预期的方向正常运行,也关系到服务商或是平台商的信誉评价,是打造良好诚信的云服务市场的前提保障之一。

8.2 用户需求及可信性评估结果的特点

作为一个用户,面对海量资源的云服务市场,最大的期望就是能够从中选择物美价廉的服务,对于这个"物美价廉"的定义,本书结合之前的案例分析,将它从几个方面进行了剖析。

(1) 功能介绍详细：即有关于该产品详尽的功能信息说明，及其实际应用测试结果。

(2) 质量过关：即有关于产品质量具有说服力的评估结果或权威认证结果。

(3) 符合应用需求：能够给出所适用场景信息的详细描述，或给出具体的成功案例链接。

(4) 价格较优惠：较同类型的其他服务，在保障所需功能的同时价格优廉。

(5) 维护和升级更新简单：当有新的业务需求时，能够及时进行维护或升级更新，而无需重新购买。

(6) 有长期稳定的售后服务支持：存在应用问题时，有专门的咨询渠道；存在投诉、纠纷时，有公正的第三方平台。

而相对于用户的期待，本书结合所提出的云服务可信评估体系和相关评估方法，对云服务可信评估结果的特点进行了归纳，如下所述。

(1) 评估指标较多。评估结果展示给用户的信息量较大，增加了用户的理解难度，不能清晰地向用户展示不同维度、不同层次的评估结果。

(2) 评估结果过于专业。过于专业的评测描述，导致用户需要结合配套的评估结果说明，才能了解相关的含义。

(3) 评估结果之间难以比较。由于缺乏统一的参考模型，用户难以在两两服务之间进行选择。

(4) 仅提供了"静态"的评估结果。指仅用一个不变的数值，表示该云服务的可信性。

因此，鉴于云服务的特点和用户的种种需求，本书认为云服务的可信评估结果应该做到具有全面性、可视化、可比较、简单易懂等特点。针对这些特点，本书在接下来的内容中提出一种有效的评估结果表示方法。

8.3　基于模型的可视化评估结果表示方案

由于云服务的特点，造成云服务的可信评估结果并不能够以一个直接的数值进行表示（如直接给出一个百分制的定量评估结果）。因此，围绕上文所提到的用户需求，本书提出了一种基于模型的可视化评估结果表示方法。该方法包含了几个方面的内容和特点，如下所述。

1. 结合模型展示评估结果

如图 8-1 所示，本书提出用云服务的可信属性模型辅助评估结果的展示。通过这样的形式向用户展示云服务的可信评估结果，能够让用户参照模型，清晰地了解到该服务不同层次、不同维度的可信性。该方法向用户展示了全面的评估结果，降低了用户理解的难度；同时以清晰的视角，向用户描述该服务的可信评估结果，也更具有说服力。

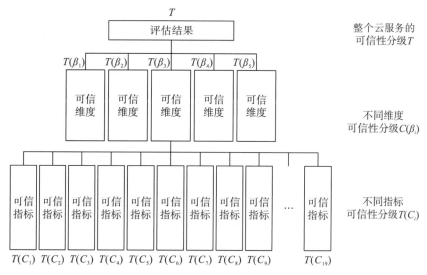

图 8-1　结合模型的云服务可信结果表示

2. 配套分级说明文档，帮助用户进行同类服务比较

针对上述所提出的模型，本书所提出的评估结果表示方法，还将专门为用户提供一个配套的可信分级说明文档，该文档的形式在本书第 4.3 节已经进行了详细描述。

根据图 8-1 所示的可信评估结果，再加上配套的可信分级文档，便能够为用户进行两两服务比较提供详尽的数据，让用户根据详细的对比选择更加可信的服务。

3. 动态的评估结果展示

考虑到实际应用场景对云服务可信性的影响，云服务在刚投入到具体应用过程中时势必会存在许多问题，需要使用一段时间后才能处于稳定。因此，根据本书动态研究的结论，除了为用户提供一个直观的模型参考外，还应该为用户提供一个动态的评估结果，即针对该服务在长期稳定运营期间的可信性变化给出一个评估预测，如图 8-2 所示。

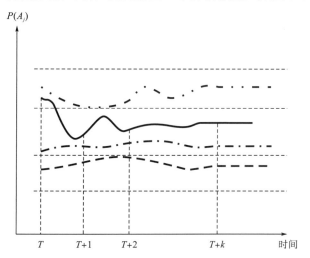

图 8-2　长期运营环境下云服务可信性的变化趋势

图中横轴 T 表示时间轴，纵轴 $P(A_j)$ 表示某云服务分别可能属于 A_1、A_2、A_3、A_4 四个不同可信状态的概率，图中 4 条曲线分别表示 $P(A_j)$ 的变化。如图 8-2 所示，云服务在经过长期的运营后，才会最终趋于一个稳定的状态。图中 k 值越大，说明该云服务可信性处于波动的时间越长。

图 8-2 向用户展示了关于该云服务可信性变化的预测趋势。相比于只有一个不变的评估结果，用动态的形式展示云服务的可信性变化，更符合真实的云服务可信随机环境，其评估结果更为客观。

8.4 本 章 小 结

综上所述，本章根据用户的需求和云服务可信性评估结果的特点，提出了一种新的评估结果表示方案。该方案结合模型为用户提供了清晰、全面的可信评估结果，描述了云服务不同层次、不同维度的可信性，降低了用户的理解难度。另外，该模型为用户提供了配套的可信分级说明文档，能够帮助用户全面地进行服务比较，从中选择更优的服务。最后，该模型还针对在实际应用场景下云服务的可信性变化进行了评估预测，给出了其变化趋势图，为用户提供了更准确、更客观的评估结果。

第9章 面向用户应用场景的云服务选择研究

至此，本书已经实现了对云服务的"静态"评估、模糊综合评估以及"动态"评估，并且提出了一种基于模型的可视化评估结果表示方法，但是这些方法都只是针对已经开始投入使用的云服务及其环境展开分析，并没有给出一种适合用户的服务选择方法。为此，本章将结合之前的研究，站在用户角度进行思考，结合用户的具体应用场景提出一种面向用户的服务选择方法。

9.1 面向用户应用场景的服务选择方法

9.1.1 服务选择的过程

结合之前的研究结论，本章定义了面向用户的服务选择过程，如图 9-1 所示。

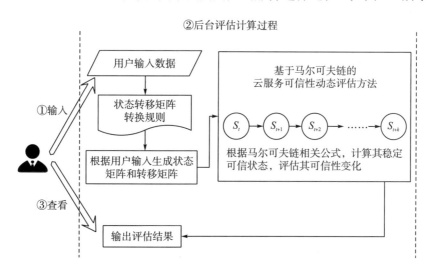

图 9-1 面向用户的服务选择过程

由图 9-1 可见，本章定义了面向用户的服务选择过程，将该过程划分为了 3 个重要阶段，分别是：①用户输入；②后台评估计算过程；③评估结果的展示。其中各阶段的含义如下所述。

(1)用户输入。指由用户根据自身应用场景和需求进行评估输入。在此过程中，由于用户并不具备专业的评估知识，难以具体的描述其应用场景和需求。为此，本书制定了专门的转换规则。该转换规则通过问卷获取用户输入信息，并将用户的输入信息根据规则转换成对应的状态矩阵 $S(t)$ 和转移矩阵 STM。该矩阵将作为第 2 阶段服务评估的输入数据。

(2)后台评估计算过程。在进行服务选择时，该阶段对于用户而言是完全透明的，用户无需关心整个后台的评估和计算过程。如图 9-1 所示，在该阶段的评估和计算过程中将采用本书所提出的云服务可信动态评估方法。该方法所需的状态矩阵 $S(t)$ 和转移矩阵 **STM** 由第 1 阶段的用户输入所生成。

(3)评估结果的展示。指在评估完成后，向用户输出有效的评估结果，供用户参考的过程。对于该评估结果的展示，本书将结合第 8 章的结果表示方法进行展示。

如上所述，在整个的服务选择过程中，用户只需关注第 1 阶段的输入和第 3 阶段的结果查询，即用户只需根据自身场景进行输入，便能得到关于该服务可信性的评估结果。该过程对于用户没有专业知识的要求，让用户拥有了主动权，能够参与到服务的可信性评估过程中，而不再是被动地参考服务商或是平台商所提供的 QoS 参数。

9.1.2 转换规则

如图 9-1 所示，当用户进行输入后，需要将用户的输入通过规则转换成对应的状态转移矩阵。为此，本书结合所提出的可信证据，针对其中与用户应用相关的指标，建立了如表 9-1 所示的问卷。

表 9-1 面向用户场景和需求的问卷

所针对指标		问卷内容
访问控制和身份 认证 C_1	Question	该应用是否具有自身的身份认证和访问控制策略？
	Answer	(1)有； (2)没有
数据加密与 隔离 C_2	Question	该应用是否对数据进行了隔离和加密处理？
	Answer	(1)没有数据隔离，数据是完全公开的； (2)设立了公开数据和私密数据，但未对数据进行加密处理； (3)设立了公开数据和私密数据，对数据进行加密存储； (4)设立了公开数据和私密数据，对数据进行加密存储，并且分开存储
防御支持 C_4	Question	该应用自身是否拥有针对流量攻击的防御策略？
	Answer	(1)有； (2)没有
服务容错性 C_5	Question	该应用的容错性程度如何？
	Answer	(1)没有容错机制； (2)有一定容错机制，应用偶尔崩溃； (3)有较高容错性，应用几乎不会崩溃； (4)有较高容错性和错误日志记录
数据备份和 还原 C_6	Question	该应用是否需要进行数据备份和还原？
	Answer	(1)不需要； (2)部分数据需要备份； (3)全部数据需要备份
内部员工恶意 操作 C_8	Question	该公司有没有对员工操作进行管控和记录？
	Answer	(1)没有； (2)有操作记录； (3)有操作记录和奖惩制度； (4)有操作记录且针对关键数据的操作需要上级验证

续表

所针对指标		问卷内容
员工权限 管理 C_{12}	Question	该公司是否有员工权限分级？
	Answer	(1)没有； (2)仅分为普通员工和管理员； (3)有多个分级管理权限； (4)有多个分级管理权限，并且有专门的员工管理和责任归属制度
密钥保管 C_{13}	Question	你希望的密钥保管方法是什么？
	Answer	(1)由自身进行保管； (2)由服务商代为保管； (3)由服务商和自身共同保管
基础设施 环境 C_{14}	Question	该公司的基础设施属于以下哪种情况？
	Answer	(1)设施不全，仅能支持服务运行； (2)设施较为完善，但长期不更新； (3)设施完善，定期更新； (4)设施完善，且有专人负责维护和更新
强制的隐私 纰漏 C_{16}	Question	该应用是否要求用户提供身份证或银行卡等隐私信息？
	Answer	(1)强制要求； (2)开启部分功能时强制要求； (3)由用户自行选择，没有提供隐私保护协议； (4)由用户自行选择，且提供公开的隐私保护协议
法律法规 限制 C_{18}	Question	该应用是否受到法律法规的限制？
	Answer	(1)部分功能受限； (2)没有限制； (3)没有限制，且受到相关法律保护
审查和监督 要求 C_{19}	Question	该应用是否支持审查和监督？
	Answer	(1)不支持； (2)不支持，但可以提供相关数据； (3)针对部分功能，设有专门的审查和监督渠道； (4)完全支持

如表 9-1 所示，该规则通过问卷的形式负责接受用户输入，并将用户的输入结合表 4-6 的可信证据，转换成对应可信指标分级和风险类分级，从而根据第 7 章的方法生成对应的状态矩阵 $S(t)$ 和转移矩阵 STM，其转换过程如图 9-2 所示。

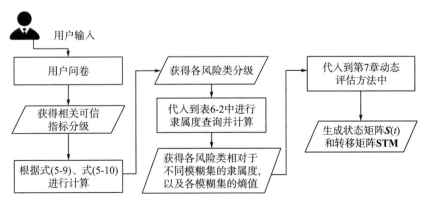

图 9-2　从"用户输入"到"状态矩阵和转移矩阵"的转换过程

由图 9-2 可见，最终的状态矩阵 $S(t)$ 和转移矩阵 **STM** 是由用户根据自身应用场景进行回答后，由转换规则自动生成。将状态矩阵 $S(t)$ 和转移矩阵 **STM** 代入到云服务可信性的动态评估方法中，做到了与真实应用场景的结合，保证了评估结果的有效性。

9.1.3　选择结果的表示

当评估完成后，则需要向用户提供该服务的可信性评估结果。对此，本书提出采用第 8 章所述的结果表示方法，向用户进行评估结果的展示。该评估结果需要为用户提供以下的内容。

(1)结果。包括该云服务的整体可信性模糊综合评估结果、不同风险类的可信分级、稳定可信状态、可信状态变化趋势图等信息。

(2)配套说明。针对上述结果，给出对应的可信属性模型、配套的分级说明和评估结果分析。

9.2　案例分析

9.2.1　案例计算过程

本章所提出的服务选择方法，是根据本书的相关研究结果所得。为了验证该方法的有效性，本书针对表 9-2 所示的用户问卷回答，结合第 5 章云平台所提供的服务器租赁服务，展开了具体的案例分析，如下所述。

表 9-2　用户问卷回答

所针对指标		问卷内容
访问控制和身份认证 C_1	Question	该应用是否具有自身的身份认证和访问控制策略？
	Answer	没有
数据加密与隔离 C_2	Question	该应用是否对数据进行了隔离和加密处理？
	Answer	设立了公开数据和私密数据，但未对数据进行加密处理
防御支持 C_4	Question	该应用自身是否拥有针对流量攻击的防御策略？
	Answer	没有
服务容错性 C_5	Question	该应用的容错性程度如何？
	Answer	有一定容错机制，应用偶尔崩溃
数据备份和还原 C_6	Question	该应用是否需要进行数据备份和还原？
	Answer	部分数据需要备份
内部员工恶意操作 C_8	Question	该公司有没有对员工操作进行管控和记录？
	Answer	没有
员工权限管理 C_{12}	Question	该公司是否有员工权限分级？
	Answer	仅分为普通员工和管理员
密钥保管 C_{13}	Question	你希望的密钥保管方法是什么？
	Answer	由自身进行保管

所针对指标		问卷内容
基础设施环境 C_{14}	Question	该公司的基础设施属于以下哪种情况？
	Answer	设施较为完善，但长期不更新
强制的隐私 纰漏 C_{16}	Question	该应用是否要求用户提供身份证或银行卡等隐私信息？
	Answer	强制要求
法律法规 限制 C_{18}	Question	该应用是否受到法律法规的限制？
	Answer	没有限制
审查和监督 要求 C_{19}	Question	该应用是否支持审查和监督？
	Answer	不支持，但可以提供相关数据

步骤 1　获取各可信指标和风险类分级结果。

根据上述的回答，结合本书所提出的可信证据，得到了关于该用户云服务环境各可信指标和风险类的分级结果，如表 9-3～表 9-5 所示。

表 9-3　各指标分级结果

分级	指标						
	C_1	C_2	C_3	C_4	C_5	C_6	C_7
发生频率分级 $P(C_i)$	3.00	3.00	2.30	2.00	3.00	1.20	1.20
后果严重性分级 $L(C_i)$	3.00	3.00	1.80	2.00	3.00	2.00	2.00

分级	指标						
	C_8	C_9	C_{10}	C_{11}	C_{12}	C_{13}	C_{14}
发生频率分级 $P(C_i)$	2.00	1.60	1.20	2.00	2.00	3.00	2.00
后果严重性分级 $L(C_i)$	3.00	1.30	2.60	2.70	4.00	3.00	2.00

分级	指标				
	C_{15}	C_{16}	C_{17}	C_{18}	C_{19}
发生频率分级 $P(C_i)$	2.00	3.00	2.00	1.00	2.00
后果严重性分级 $L(C_i)$	1.50	4.00	2.00	2.00	3.00

表 9-4　各维度可信风险发生频率和后果严重性分级结果

分级	各维度				
	β_1	β_2	β_3	β_4	β_5
发生频率分级 $P(\beta_k)$	2.28	2.25	1.98	2.09	1.92
后果严重性分级 $L(\beta_k)$	2.66	2.83	2.68	2.33	2.47

表 9-5   各维度可信性分级结果

β_1	β_2	β_3	β_4	β_5
6.07(III级)	6.37(III级)	5.31(II~III级)	4.87(II级)	4.80(II级)

步骤2   查询隶属度和并计算模糊熵。

将表 9-4 中结果取整，代入到表 6-2 中查询，获得各可信风险类 β_i 相对于模糊集 A_j 的隶属度，并计算各模糊集 A_j 的熵值，其结果如表 9-6 所示。

表 9-6   各可信风险类 β_i 相对于模糊集 A_j 隶属度

隶属度函数	隶属度
$\mu_{A_1}(\beta_1)$	1/6
$\mu_{A_2}(\beta_1)$	4/6
$\mu_{A_3}(\beta_1)$	6/9
$\mu_{A_4}(\beta_1)$	6/16
$\mu_{A_1}(\beta_2)$	1/6
$\mu_{A_2}(\beta_2)$	4/6
$\mu_{A_3}(\beta_2)$	6/9
$\mu_{A_4}(\beta_2)$	6/16
$\mu_{A_1}(\beta_3)$	1/6
$\mu_{A_2}(\beta_3)$	4/6
$\mu_{A_3}(\beta_3)$	6/9
$\mu_{A_4}(\beta_3)$	6/16
$\mu_{A_1}(\beta_4)$	1/4
$\mu_{A_2}(\beta_4)$	4/4
$\mu_{A_3}(\beta_4)$	4/9
$\mu_{A_4}(\beta_4)$	4/16
$\mu_{A_1}(\beta_5)$	1/6
$\mu_{A_2}(\beta_5)$	4/6
$\mu_{A_3}(\beta_5)$	6/9
$\mu_{A_4}(\beta_5)$	6/16

进一步将表 9-6 中数据依次代入到式(6-2)中进行计算，得到不同模糊集的熵值 $E(A_j)$ ：

$$E(A_1)=0.71 ， E(A_2)=0.42 ， E(A_3)=0.52 ， E(A_4)=0.60$$

步骤 3　生成可信状态矩阵 $S(t)$ 和转移矩阵 **STM**。

将步骤 2 结果代入到本书 7.1 节的计算过程中，得到其 $S(t)$ 和 **STM** 如下所示。

$$S(t) = |0.191, 0.323, 0.261, 0.226|$$

$$\mathbf{STM} = \begin{vmatrix} 0.025 & 0.419 & 0.356 & 0.200 \\ 0.049 & 0.409 & 0.347 & 0.195 \\ 0.037 & 0.414 & 0.352 & 0.198 \\ 0.030 & 0.417 & 0.354 & 0.199 \end{vmatrix}$$

步骤 4　计算其稳定可信状态。

将 $S(t)$ 和 **STM** 代入到式 (7-6) 中进行不断计算，直到其可信状态 $S(t+k)$ 不再变化，获得如表 9-7 所示结果。

表 9-7　所评估服务的可信状态变化过程及稳定可信状态

	$P(A_1)$	$P(A_2)$	$P(A_3)$	$P(A_4)$
$S(t)$	0.1910	0.3230	0.2610	0.2260
$S(t+1)$	0.0368	0.4141	0.3513	0.1976
$S(t+2)$	0.0399	0.4127	0.3502	0.1970
$S(t+3)$	0.0398	0.4128	0.3502	0.1970
$S(t+4)$	0.0398	0.4128	0.3502	0.1970
	$\hat{P}(A_1)$	$\hat{P}(A_2)$	$\hat{P}(A_3)$	$\hat{P}(A_4)$
$\hat{S}$	0.0398	0.4128	0.3502	0.1970
k		4		

9.2.2　结果表示及配套分析说明

1. 结合模型的结果展示及说明

结果展示见图 9-3。

说明：图 9-3 中包含对云服务可信性 3 个层次、5 个维度的评估结果展示。

(1) $P(A_1)$、$P(A_2)$、$P(A_3)$、$P(A_4)$ 表示该云服务在长期运营情况下，整体可信性分别属于"完全可信""基本可信""临界可信""不可信"的可能性程度，其值越大，说明可能性程度越高。

(2) $P(\beta_i)$ 表示该云服务在不同维度 β_i 的风险发生频率分级，相关分级说明见表 9-8。

(3) $L(\beta_i)$ 表示该云服务在不同维度 β_i 的风险后果严重性分级，相关分级说明见表 9-8。

(4) $P(C_i)$ 表示该云服务底层各指标 C_i 的风险发生频率分级，相关分级说明见表 9-8。

(5) $L(C_i)$ 表示该云服务底层各指标 C_i 的风险后果严重性分级，相关分级说明见表 9-8。

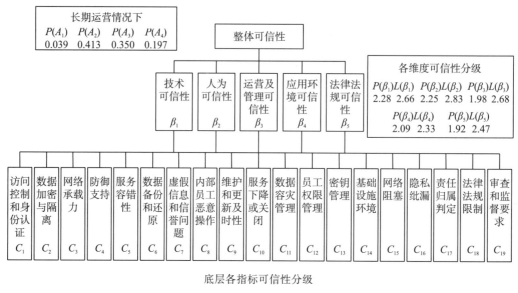

图 9-3　结合可信属性模型的评估结果展示

表 9-8　云服务可信风险发生频率分级 P

分级	频率说明	服务运作影响说明	经济损失影响说明
1	在长期运作过程中基本不会发生	风险发生后能够马上得到解决,几乎不会影响服务的运作	微乎其微,只会造成极小的损失
2	在长期运作过程中可能会发生,发生次数不超过 1 次	造成部分服务不能够得到正常运作	会造成较小的经济损失,影响到部分服务的收益
3	在一般情况下会发生,发生次数在 2 次及以上	造成服务经常性停歇,不能够正常运行	会造成较大的经济损失,影响到每日的正常收益
4	不可避免,经常会发生	导致服务停止,难以维护	造成重大的经济损失,致使运营困难

　　分析一:在模型第 1 层中 $P(A_2)$ 和 $P(A_3)$ 的概率较高,两者相差程度不明显,说明该云服务为"基本可信"和"临界可信"的概率较高,总体程度上处于"基本可信"到"临界可信"的范围内。

　　分析二:在模型第 2 层中 $P(\beta_2)$ 和 $L(\beta_2)$ 的分级是最高的,说明相对于其他类别的可信风险,该服务的人为可信风险是最高的,其次则是技术可信风险。

　　分析三:在模型第 3 层中风险后果严重性分级 $L(C_i) \geqslant 3$ 的指标包括 C_{12}、C_{16}、C_1、

C_2、C_5、C_8、C_{13}、C_{19}，说明这些指标对于该云服务存在较大的安全威胁，其中存在 2 个高危指标 C_{12}、C_{16}。

　　分析四：在模型第 3 层中风险发生频率分级 $P(C_i) \geqslant 3$ 的指标包括 C_1、C_2、C_5、C_{13}、C_{16}，说明这些指标所对应的风险是该云服务发生频率较高的。

　　2. 可信性变化结果分析

　　可信性变化结果见图 9-4。

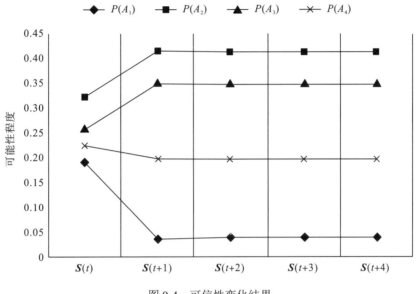

图 9-4　可信性变化结果

　　图 9-4 中横轴表示运营时间，纵轴表示可能性程度。

　　(1) $P(A_1)$ 曲线表示该云服务属于"完全可信"的可能性程度变化，其值越大表示可能性程度越高。

　　(2) $P(A_2)$ 曲线表示该云服务属于"基本可信"的可能性程度变化，其值越大表示可能性程度越高。

　　(3) $P(A_3)$ 曲线表示该云服务属于"临界可信"的可能性程度变化，其值越大表示可能性程度越高。

　　(4) $P(A_4)$ 曲线表示该云服务属于"不可信"的可能性程度变化，其值越大表示可能性程度越高。

　　由图 9-4 可见，该云服务的可信性在一定运营时间后，将会趋于稳定，最终隶属于"基本可信"的概率最高，从变化曲线来看，该服务隶属于"临界可信"的概率也同步有所提升，而隶属于"完全可信"的概率却呈现下降趋势，说明该服务在长期的运营过程中其可信性会有所下降。

9.3 本 章 小 结

本章提出了面向用户的服务选择方法。该方法站在用户角度，考虑到用户不具备专业的评测知识，针对用户需求定义了问卷形式的转换规则。在整个服务选择的过程中，用户只需要根据自身即将投入的应用场景进行问卷回答，便能够得到一系列的评估结果。该评估结果通过直观的模型和趋势图，为用户提供全面、动态的评估信息，并且配套了专门的评估分级说明帮助用户理解每一个评估结果的含义。

该方法是由本书所提出的方法综合应用所得，包括基于风险矩阵法的可信性分级、基于模糊熵的可信性综合评估方法、基于马尔可夫链的动态评估方法等。整个服务选择的过程清晰合理，对于整个过程的开展本书都详细进行了介绍。

总的来说，该方法合理有效，做到了"与应用场景相结合的评估分析"，对于用户而言该方法简单易用，其评估结果全面有效，适合用户根据自身需求进行服务选择。但是要将该方法投入使用，还需要进行专门的开发，包括对应的评估分析工具和结果展示工具。

第10章 基于改进 FAHP 的可信风险权重评估方法研究

对于具有 N 个元素的系统，FAHP 在建立其权重判断矩阵时，一共需要进行 $N(N-1)/2$ 次两两比较。当 N 的值过大时，专家在评估过程中，由于自身的不确定性通常会导致评估结果出现不一致的情况，即所建立的判断矩阵难以通过一致性检验。

一旦所建立的权重判断矩阵无法通过一致性检验，则专家需要反复将矩阵中两两元素的相对权重进行调整，直到所建立的矩阵最终通过一致性检验。

根据 FAHP 的要求，针对本书图 4-2 所示的模型展开权重评估，需要建立如表 10-1 所示的权重判断矩阵。

10-1 传统 FAHP 方法针对本书模型需要展开的逐层评估

	判断矩阵含义	两两比较次数
第 2 层相对于第 1 层	5 个可信风险类、相对于整个云服务可信性的评估权重比较	$\geqslant 5 \times (5-1)/2 = 10$ 次
第 3 层相对于第 2 层	19 个可信风险指标相对于 5 个不同可信风险类的评估权重比较	$\geqslant 19 \times (19-1)/2 = 171$ 次
		$\geqslant 19 \times (19-1)/2 = 171$ 次
		$\geqslant 19 \times (19-1)/2 = 171$ 次
		$\geqslant 19 \times (19-1)/2 = 171$ 次
		$\geqslant 19 \times (19-1)/2 = 171$ 次

可见，基于本书所提出的模型，采用一般 FAHP 进行评估，至少需要进行 865 次两两比较，专家的任务量较大，并且还不能保证最终结果的一致性。因此，在评估的过程中，为了有效解决上述问题，本书提出采用模糊一致性矩阵的方法构建其判断矩阵。

10.1 基于模糊一致矩阵的评估权重计算

10.1.1 模糊一致矩阵的定理及性质

模糊一致性矩阵继承了传统 FAHP 两两比较的方法，能够在一定程度上降低人为主观因素对评估结果的影响，另外它能够有效解决上述内容所提到的判断矩阵"一致性检验"问题。

定理 1 模糊一致矩阵 $(R_{ij})_{n \times n}$ 具有如下性质：

(1) 对角线上元素 $r_{ii} = 0.5$。

(2) 矩阵中第 i 行元素和第 i 列元素之和等于 n，$\sum\limits_{k=1}^{n} r_{ik} + \sum\limits_{k=1}^{n} r_{ki} = 1$。

(3) $\boldsymbol{R}^{\mathrm{T}} = \boldsymbol{R}^{\mathrm{C}}$，其中 $\boldsymbol{R}^{\mathrm{T}}$ 和 $\boldsymbol{R}^{\mathrm{C}}$ 分别是矩阵 $(\boldsymbol{R}_{ij})_{n \times n}$ 的转置矩阵和余矩阵。

(4) 从矩阵 $(\boldsymbol{R}_{ij})_{n \times n}$ 中划去任意行及其对应列，所得到的子矩阵仍然是模糊一致矩阵。

定理 2　假设有模糊矩阵 $(\boldsymbol{f}_{ij})_{n \times n}$，该矩阵不具备完全一致性。将模糊矩阵 $(\boldsymbol{f}_{ij})_{n \times n}$ 按行进行求和，得到 $r_i = \sum\limits_{k=1}^{n} f_{ik}$，$i = 1, 2, \cdots, n$，并将所得到的 r_i 代入公式 $r_{ij} = \dfrac{r_i}{r_i + r_j}$ 进行变换，则由此建立得到的矩阵具有完全一致性，为模糊一致矩阵。

根据模糊一致矩阵的含义，假设用 $\mu(r_i, r_j)$ 表示因素 r_i 与 r_j 的权重比，则它们的权重比具有以下含义：

(1) $\mu(r_i, r_j) = 0.5$ 表示 u_i 和 u_j 是同样重要的。

(2) $0 \leqslant \mu(r_i, r_j) < 0.5$ 表示 r_j 比 r_i 重要，且 $\mu(r_i, r_j)$ 的值越小，r_j 比 r_i 越重要。

(3) $0.5 < \mu(r_i, r_j) \leqslant 1$ 表示 r_i 比 r_j 重要，且 $\mu(r_i, r_j)$ 的值越大，r_i 比 r_j 越重要。

10.1.2　模糊一致矩阵的构建步骤

根据上述模糊一致矩阵的定理和性质，针对本书所提出的风险属性模型，本书将其模糊一致性矩阵的构建简化为了 3 个步骤，依次如下所述。

步骤 1　首先构建两两因素之间的模糊判断矩阵 $(\boldsymbol{f}_{ij})_{n \times n}$。

$$(\boldsymbol{f}_{ij})_{n \times n} = \begin{vmatrix} \mu(r_i, r_1) & \cdots & \mu(r_i, r_n) \\ \vdots & & \vdots \\ \mu(r_n, r_1) & \cdots & \mu(r_n, r_n) \end{vmatrix}$$

矩阵 $(\boldsymbol{f}_{ij})_{n \times n}$ 为模糊矩阵，不具备完全一致性。

步骤 2　根据转换公式 (10-1) 将已建立的模糊矩阵 $(\boldsymbol{f}_{ij})_{n \times n}$ 转化为模糊一致矩阵。

$$\underline{\mu}(r_i, r_j) = \frac{\sum\limits_{k=1}^{n} \mu(r_i, r_k)}{\sum\limits_{k=1}^{n} \left[\mu(r_i, r_k) + \mu(r_j, r_k) \right]} \tag{10-1}$$

$\underline{\mu}(u_i, u_j)$ 表示转化后两两因素之间的权重比，则新的模糊一致矩阵如下所示。

$$(\boldsymbol{R}_{ij})_{n \times n} = \begin{vmatrix} \underline{\mu}(r_i, r_1) & \cdots & \underline{\mu}(r_i, r_n) \\ \vdots & & \vdots \\ \underline{\mu}(r_n, r_1) & \cdots & \underline{\mu}(r_n, r_n) \end{vmatrix}$$

与普通的模糊判断矩阵 $(\boldsymbol{f}_{ij})_{n \times n}$ 所不同，经过公式 (10-1) 转换后的模糊一致矩阵 $(\boldsymbol{R}_{ij})_{n \times n}$ 具有完全一致性[102]。

步骤 3　当得到模糊一致矩阵 $(\boldsymbol{R}_{ij})_{n \times n}$ 后，接下来需要计算各元素的权重，见式 (10-2)。

$$w_i = \frac{2\sum_{j=1}^{n} \underline{\mu}(r_i, r_j) - 1}{n(n-1)}, i = 1, 2, \cdots, n \qquad (10\text{-}2)$$

公式 (10-2) 合理可行，通过该公式计算所得到的权重，在进行比较时具有一定的分辨率。公式中，w_i 表示矩阵中第 i 个因素的评估权重值，该权重值是按照两两对比的方法建立并根据专门权重计算公式计算所得，具有一定的客观性。w_i 的值越大，则说明该因素对评估目标的影响权重越大。

10.1.3　云服务可信风险的模糊一致矩阵

围绕本书图 4-2 所示的模型，逐层构建表 10-1 中所得到的判断矩阵，并将这些判断矩阵转换为模糊一致矩阵，便可分别计算得到各风险类 β_j 相对于整个服务的评估权重 W_{β_j}，以及各指标 C_i 相对于不同风险类 β_j 的评估权重 $W(\beta_j)_{C_i}$。

(1) 第 2 层相对于第 1 层的权重判断矩阵。第 2 层相对于第 1 层的判断矩阵，即指各风险类 β_j 相对于整个云服务可信风险的权重判断矩阵。通过建立该矩阵，可以计算得到各风险类相对于整个云服务可信风险的评估权重 $W(\beta_j)$。$W(\beta_j)$ 的值越大，则表示该类风险 β_j 对整个云服务可信风险的影响程度越大。

(2) 第 3 层相对于第 2 层的权重判断矩阵。第 3 层相对于第 2 层的权重判断矩阵，共包含 5 个矩阵，分别是各指标 C_i 相对于风险类 β_1 的权重判断矩阵，各指标 C_i 相对于风险类 β_2 的权重判断矩阵，各指标 C_i 相对于风险类 β_3 的权重判断矩阵，各指标 C_i 相对于风险类 β_4 的权重判断矩阵以及各指标 C_i 相对于风险类 β_5 的权重判断矩阵。

同理，通过建立这 3 个矩阵，则可以计算得各指标相对于不同风险类 β_j 的评估权重 $W(\beta_j)_{C_i}$。$W(\beta_j)_{C_i}$ 的值越大，则表示指标 C_i 对风险类 β_j 的影响程度越大。

10.2　案　例　分　析

以本书第 5 章同样的云服务为评估案例，本书将改进后的 FAHP 代入到案例中进行分析。

10.2.1　案例计算过程

按照 10.1.2 节的模糊一致矩阵构建步骤，本书首先建立了"第 2 层相对于第 1 层"的权重判断矩阵，即建立了 5 个可信风险类相对于整个云服务可信性的权重判断矩阵。

$$f_{ij} = \begin{vmatrix} 0.50 & 0.25 & 0.35 & 0.40 & 0.85 \\ 0.75 & 0.50 & 0.25 & 0.45 & 0.75 \\ 0.65 & 0.75 & 0.50 & 0.75 & 0.95 \\ 0.60 & 0.55 & 0.25 & 0.50 & 0.95 \\ 0.15 & 0.30 & 0.05 & 0.05 & 0.50 \end{vmatrix}$$

该矩阵并不具备完全一致性，将该矩阵按照式(10-1)进行转换后，得到模糊一致矩阵 R_{ij}。

$$R_{ij} = \begin{vmatrix} 0.500 & 0.470 & 0.395 & 0.452 & 0.691 \\ 0.530 & 0.500 & 0.424 & 0.482 & 0.716 \\ 0.605 & 0.576 & 0.500 & 0.558 & 0.774 \\ 0.548 & 0.518 & 0.442 & 0.500 & 0.731 \\ 0.309 & 0.284 & 0.226 & 0.269 & 0.500 \end{vmatrix}$$

R_{ij} 矩阵为模糊一致矩阵，根据模糊一致矩阵的性质，该矩阵具有完全一致性，不需要进行一致性检验，直接按照式(10-2)进行求解便可得到各风险类的评估权重。通过计算，本书得到了 5 个风险类 $\beta_j = \{\beta_1, \beta_2, \cdots, \beta_5\}$ 的评估权重，即 $W(\beta_j) = \{0.201, 0.215, 0.251, 0.224, 0.109\}$。

10.2.2 结果分析

将上述计算结果与本书第 5 章的研究结果相比较，如图 10-1 所示。

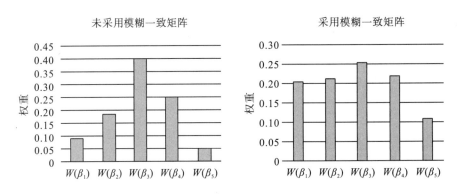

图 10-1 采用或未采用模糊一致矩阵的评估结果对比

由图 10-1 可见：

(1)权重排序比较。采用模糊一致矩阵所计算得到的结果在权重排序上，与本书第 5 章结果相符合，均为 $W(\beta_3) > W(\beta_4) > W(\beta_2) > W(\beta_1) > W(\beta_5)$。

(2)权重大小差异。虽然采用模糊一致矩阵所计算得到的结果在权重排序上与第 5 章结果一致，但是从权重的大小差异上观察，却能看出采用模糊一致矩阵方法所得到的评估结果之间较为接近，并没有足够的分辨率(即无法突出地显示其中重要的因素)。

以上结果表明，与没有采用模糊一致矩阵的评估方法相比较，采用模糊一致矩阵的方法能够省去一致性检验的烦琐步骤，同时也能够保证评估结果的正确性。但是，采用该方法所得到的结果却不能够有效反映不同因素对评估目标影响权重的差距。当某些风险因素的值严重偏离正常值时，综合评判的结果仍然正常，不能真实地反映风险的状态[103]。这样的评估结果对于决策的支持略显不足，没有预警性。

因此，本书在解决了判断矩阵的"一致性检验"问题后，还需要进一步提高评估结果的决策支持性，即为决策提供更具参考价值的评估数据。

10.3　基于模糊一致矩阵的变权方法

为了能够有效区分不同风险对云服务安全的影响，并突出重要的风险类，本书在模糊一致矩阵的基础上提出了一种"变权方法"。该方法仍然保持原有的权重排序，但是在针对矩阵中的两两元素进行权重判断时，将它们的权重比 $\mu(r_i, r_j)$ 分别设立成 $\{0.0, 0.5, 1.0\}$ 三个固定的值，其含义如下所述。

(1) $\mu(r_i, r_j) = 0.5$ 表示 u_i 和 u_j 同样重要。

(2) $\mu(r_i, r_j) = 0$ 表示 r_j 比 r_i 重要。

(3) $\mu(r_i, r_j) = 1$ 表示 r_i 比 r_j 重要。

按照上述方法，在保持原有权重排序的基础上，本书将 10.2.1 节的矩阵 $\boldsymbol{f}_{ij}$ 转化为了如下矩阵。

$$\underline{\boldsymbol{f}}_{ij} = \begin{vmatrix} 0.50 & 0.00 & 0.00 & 0.00 & 1.00 \\ 1.00 & 0.50 & 0.00 & 0.00 & 1.00 \\ 1.00 & 1.00 & 0.50 & 1.00 & 1.00 \\ 1.00 & 1.00 & 0.00 & 0.50 & 1.00 \\ 0.00 & 0.00 & 0.00 & 0.00 & 0.50 \end{vmatrix}$$

同样的，套用转换公式(10-1)进行计算，能够得到新的模糊一致矩阵 $\underline{\boldsymbol{R}}_{ij}$。

$$\underline{\boldsymbol{R}}_{ij} = \begin{vmatrix} 0.500 & 0.375 & 0.250 & 0.300 & 0.750 \\ 0.625 & 0.500 & 0.357 & 0.417 & 0.833 \\ 0.750 & 0.643 & 0.500 & 0.563 & 0.900 \\ 0.700 & 0.583 & 0.438 & 0.500 & 0.875 \\ 0.250 & 0.167 & 0.100 & 0.125 & 0.500 \end{vmatrix}$$

接下来，根据公式(10-2)求矩阵 $\underline{\boldsymbol{R}}_{ij}$ 的特征向量，得到各风险类的评估权重，如下所示。

$$W(\beta_j) = \{0.169, 0.219, 0.276, 0.252, 0.084\}$$

由数值的差异可见，采用本节所提出的方法进行调整后，各风险类的权重有了明显的分辨率，且仍然保持原有的权重排序。

10.4 方 法 总 结

针对一般 FAHP 在进行多指标的评估时存在的问题,本书提出采用模糊一致矩阵的方法进行解决。由案例分析可知,采用模糊一致矩阵的方法,能够省去一致性检验的烦琐步骤,降低专家评估的难度,但是采用该方法又会引发新的问题。这个新的问题就是"采用模糊一致矩阵后计算得到的权重在数值上会变得较为接近,没有较大的分辨率"。这样的结果对于风险的管理决策没有较大的意义。

针对这一系列的问题,本章最终提出了一套改进后的 FAHP 风险权重评估方法,该方法具有以下特点:

(1)继承了 FAHP 的优势,仍然采用两两比较的方法进行权重赋值,在一定程度上保证了结果的客观性。

(2)将权重判断矩阵转换为模糊一致矩阵,省去了一般 FAHP 一致性检验的步骤,减轻了专家评估的任务。

(3)在模糊一致矩阵的基础上,进一步提出了简单、有效的变权方法。该方法不会改变各元素的权重排序,并且能够为决策提供具有分辨率的评估数据。

总的来说,该方法科学合理、简单可行,所得到的评估权重结果具有较大的分辨率,能够为决策提供一定的支持。

然而,该结果固然正确,同时也能表明各元素在权重大小上的排序,但是这样的结果仅能为决策提供一个准确的排序并起到一定的警示作用,却不能完全代表真实的风险情况。这是因为模糊一致矩阵的特殊性,造成其可能存在多种有效的风险权重结果。这些结果都能够满足 FAHP 的一致性检验,但是究竟哪个结果更能够代表真实的风险情况,还需要展开进一步的研究。为了尽可能客观地反映真实的情况,本书将在接下来的内容中继续结合 D-S 证据理论[104]展开研究。

第 11 章 基于改进 D–S 和模糊理论的
可信风险等级评估方法研究

由于评估过程中专家评估的侧重点不同,将会产生多个有效的评估结果,并且这些结果都能够满足一致性检验。如何将这些有效的评估结果进行合理的融合,并准确地描述云服务真实的风险情况,成了风险评估研究的难点。针对此问题,本书将专家的评估结果视为"有效的风险证据",并结合 D-S 证据理论[104]展开了研究。

11.1 基于 D-S 理论的评估权重融合方法

假设通过专家的权重评估,得到了 n 个权重评估结果,即得到如表 11-1 所示的可信风险评估权重证据。

表 11-1 云服务可信风险类评估权重证据

可信风险类 β_j	证据 1 $W_1(\beta_j)$	证据 2 $W_2(\beta_j)$	⋯	证据 n $W_n(\beta_j)$
β_1	$W_1(\beta_1)$	$W_2(\beta_1)$	⋯	$W_n(\beta_1)$
β_2	$W_1(\beta_2)$	$W_2(\beta_2)$	⋯	$W_n(\beta_2)$
β_3	$W_1(\beta_3)$	$W_2(\beta_3)$	⋯	$W_n(\beta_3)$
β_4	$W_1(\beta_4)$	$W_2(\beta_4)$	⋯	$W_n(\beta_4)$
β_5	$W_1(\beta_5)$	$W_2(\beta_5)$	⋯	$W_n(\beta_5)$

如表 11-1 所示,$W_i(\beta_j)$ 表示关于云服务可信风险类的第 i 个评估权重证据,一共包含 n 个证据,$i=1,2,\cdots,n$。每个证据 $W_i(\beta_j)$ 包含对 5 个可信风险类 β_j 的权重评估数据,$W_i(\beta_j)$ 的值越大则说明某可信风险类的评估权重越大。

在本书的研究过程中,$W_i(\beta_j)$ 始终位于 0～1,即 $0<W_i(\beta_j)<1$,$\sum_{j=1}^{5}W_i(\beta_j)=1$,也就意味着本书研究所得到的各证据之间不会存在极端的冲突。例如:证据 1 显示 β_1 的评估权重为 1,而证据 2 显示 β_2 的评估权重为 0,则这两个证据之间就存在极端的冲突。

既然在风险权重的证据之间不存在极端冲突的情况,则当存在多个评估权重结果时,可以套用 D-S 证据理论融合方法[105],将上述收集到的证据进行融合,其计算方法如式(11-1)所示。

$$W\left(\beta_j\right)=\left(W_1\oplus W_2\oplus\cdots\oplus W_n\right)=\frac{1}{k}\sum_{W_i(\beta_j)\bigcap W_j(\beta_j)=\beta}W_1\left(\beta_j\right)\cdots W_n\left(\beta_j\right) \tag{11-1}$$

根据表 11-1 的实际情况(各证据之间仅有同类风险存在交集),则可以将式(11-1)简化为如下公式。

$$W\left(\beta_j\right)=\frac{1}{k}W_1\left(\beta_j\right)\cdots W_n\left(\beta_j\right) \tag{11-2}$$

式(11-2)中 k 是一个常数,其计算方法如式(11-3)或式(11-4)所示。

$$k=1-\sum_{W_i(\beta_j)\bigcap W_j(\beta_j)=\varnothing}W_1\left(\beta_j\right)\cdots W_n\left(\beta_j\right) \tag{11-3}$$

$$k=\sum_{W_i(\beta_j)\bigcap W_j(\beta_j)\neq\varnothing}W_1\left(\beta_j\right)\cdots W_n\left(\beta_j\right) \tag{11-4}$$

如上所述,当通过改进后 FAHP 得到多个可信风险类的评估权重结果时,将这些评估结果均视为有效的证据,可以采用 D-S 证据理论的融合方法进行融合。同理,我们可以采用 D-S 证据理论对各指标的评估权重展开评估。

融合后的结果综合了所有证据的观点,是一个关于风险权重的模糊综合评估值[106]。

11.2　基于 D-S 证据理论的风险级别评估

本节继续将 D-S 证据理论融合到云服务可信风险的研究当中,针对云服务风险级别的评估展开了研究。

已知,在第 6 章的研究中,本书将云服务的可信风险划分为了 4 个级别,分别是极其可信 A_1、基本可信 A_2、临界可信 A_3 和不可信 A_4。在此基础上,本章根据 D-S 证据理论提出了信任度 $m(A)$ 的概念[107],用信任度来描述可信风险的级别,且 $0\leqslant m(A)\leqslant1$。

其中,A 是一个模糊集,表示云服务所属风险等级的所有可能集合,即任意集。为了让专家提出更多不同的意见,本书定义了风险级别的多个可能集合,包括{1}、{2}、{3}、{4}、{1,2}、{2,3}、{3,4} 等,$\sum_{A\neq\varnothing}m(A)=1$。$m(A)$ 的值越大,则说明云服务隶属于某风险级别的可能性程度越大。其中各集合的含义如表 11-2 所示。

表 11-2　云服务所属风险等级的模糊集 A

A	含义
1	该风险基本不会发生。风险发生时所造成的损失影响几乎可以忽略不计,且风险能够及时得到控制和解决。该风险发生不会波及用户的财务和健康安全,也不会造成身份、地址、健康等关键隐私信息的泄露
1,2	无法明确其风险级别,可能为 1 级风险也可能为 2 级风险
2	该风险偶尔会发生 1～2 次。风险发生时会对用户和服务商造成一定的损失影响,风险能够在较短时间内得到控制,不会影响到服务的正常运作。该风险发生将会影响到用户的基本隐私信息,例如位置信息、偏好信息等
2,3	无法明确其风险级别,可能为 2 级风险也可能为 3 级风险
3	该风险发生次数大于 2 次。风险发生时会对用户和服务商造成较大的损失影响,影响到服务的正常运作。只有暂时关闭服务,经过一定时间维护更新后,方能解决问题。该风险发生将会影响到用户的重要隐私信息,例如账户信息、联系方式和地址信息等

续表

A	含义
3,4	无法明确其风险级别，可能为 3 级风险也可能为 4 级风险
4	该风险为伴生风险，几乎不可避免。风险发生时会对用户和服务商造成难以承受的损失影响。风险造成的损失不可挽回，难以得到控制。该风险发生将直接影响到用户的关键隐私信息，例如身份信息、财务信息等

表 11-2 的定义与本书之前的风险级别定义有所不同。考虑到专家在评估时对风险的评估存在不确定性，即无法针对风险的级别给出一个明确的定级，因此，本节所提出的模糊集 A 既包含明确的等级，也包含两个相邻等级所组成的集合。

如表 11-2 所示，该模糊集的划分综合考虑了风险的发生频率、损失影响和可控性，引入了信任度 $m(A)$ 的概念，专家可以根据其定义给出不同的信任度，而不再需要分别从风险发生频率和损失严重性两个方面单独去分析（如果需要分开考虑风险的发生频率、损失严重性和可控性，同样可以套用本方法）。

当专家针对某可信风险指标的级别给出了不同的评估结果后，如表 11-3 所示。

表 11-3　云服务可信风险级别及其信任度

风险级别 任意集 A	证据 1 $m_1(A_1)$	证据 2 $m_2(A_2)$	...	证据 n $m_n(A_3)$
1	$m_1(1)$	$m_2(1)$	...	$m_1(1)$
1,2	$m_1(1,2)$	$m_2(1,2)$	...	$m_1(1,2)$
2	$m_1(2)$	$m_2(2)$	...	$m_1(2)$
2,3	$m_1(2,3)$	$m_2(2,3)$	...	$m_1(2,3)$
3	$m_1(3)$	$m_2(3)$		$m_1(3)$
3,4	$m_1(3,4)$	$m_2(3,4)$	...	$m_1(3,4)$
4	$m_1(4)$	$m_2(4)$	...	$m_1(4)$

表 11-3 中，风险的级别存在多个可能的任意集 A，如果直接套用 D-S 证据理论的计算方法，会给计算带来困难。因此，为了简化其算法，根据 D-S 近似计算的基本思想，拟采用近似 Bayes 方法[108]来简化集合 A。其计算过程如式(11-5)所示。

$$m(\underline{A}) = \frac{\sum_{\underline{A} \subseteq A} m(A)}{\sum_{A \subseteq \Theta} m(A) \times N} \tag{11-5}$$

式(11-5)中 $\underline{A}$ 是 A 简化后的集合，Θ 表示包含所有子集的全集，N 为某任意集合 A 所包含的子集个数。

如上所述，将表 11-3 中的数据代入到式(11-5)进行计算，其计算过程如下所示。

$$m\left(\underline{1}\right) = \frac{m(1) + m(1,2)}{m(1) + m(1,2)\times 2 + m(2) + m(2,3)\times 2 + m(3) + m(3,4)\times 2 + m(4)}$$

$$m\left(\underline{2}\right) = \frac{m(1,2) + m(2) + m(2,3)}{m(1) + m(1,2)\times 2 + m(2) + m(2,3)\times 2 + m(3) + m(3,4)\times 2 + m(4)}$$

$$m\left(\underline{3}\right) = \frac{m(2,3) + m(3) + m(3,4)}{m(1) + m(1,2)\times 2 + m(2) + m(2,3)\times 2 + m(3) + m(3,4)\times 2 + m(4)}$$

$$m\left(\underline{4}\right) = \frac{m(3,4) + m(4)}{m(1) + m(1,2)\times 2 + m(2) + m(2,3)\times 2 + m(3) + m(3,4)\times 2 + m(4)}$$

最终可以得到简化后的结果，如表 11-4 所示。

表 11-4　简化后云服务可信风险级别及其信任度

风险级别 任意集 $\underline{A}$	证据 1 $m_1(\underline{A_1})$	证据 2 $m_2(\underline{A_2})$	...	证据 n $m_n(\underline{A_n})$
1	$m_1(\underline{1})$	$m_2(\underline{1})$	...	$m_n(\underline{1})$
2	$m_1(\underline{2})$	$m_2(\underline{2})$	...	$m_n(\underline{2})$
3	$m_1(\underline{3})$	$m_2(\underline{3})$	...	$m_n(\underline{3})$
4	$m_1(\underline{4})$	$m_2(\underline{4})$	...	$m_n(\underline{4})$

当得到简化后的结果，继续套用 D-S 证据理论即可得到融合后的风险等级评估结果 $m(\underline{A})$，其计算公式如下所示。

$$m\left(\underline{A}\right) = \left(m_1 \oplus \cdots \oplus m_n\right)\left(\underline{A}\right) = \frac{1}{k} \sum_{\underline{A_1} \cap \underline{A_2} \cap \cdots \cap \underline{A_n} = \underline{A}} m_1\left(\underline{A_1}\right) \cdots m_n\left(\underline{A_n}\right) \qquad (11\text{-}6)$$

$$k = \sum_{A_1 \cap A_2 \cap \cdots \cap A_n \neq \varnothing} m_1\left(A_1\right) \cdots m_n\left(A_n\right) \qquad (11\text{-}7)$$

$m(\underline{A})$ 表示云服务可信风险级别的信任度，其值越大则说明某可信风险指标隶属于 $\underline{A}$ 的可能性程度越高，以表 11-5 所示数据为例。

表 11-5　云服务可信风险级别及其信任度

风险级别 任意集 $\underline{A}$	证据 1 $m_1(\underline{A_1})$	证据 2 $m_2(\underline{A_2})$
1	0.010	0.430
2	0.140	0.170
3	0.500	0.150
4	0.350	0.250

将表 11-5 中的数据代入到式 (11-6) 和式 (11-7) 中进行计算，得到融合后的结果为

$$k = m_1(\underline{1}) \times m_2(\underline{1}) + m_1(\underline{2})m_2(\underline{2}) + m_1(\underline{3})m_2(\underline{3}) + m_1(\underline{4})m_2(\underline{4}) = 0.2013$$

$$m(\underline{1}) = \frac{1}{k}m_1(\underline{1}) \times m_2(\underline{1}) = 0.021$$

$$m(\underline{2}) = \frac{1}{k}m_1(\underline{2}) \times m_2(\underline{2}) = 0.118$$

$$m(\underline{3}) = \frac{1}{k}m_1(\underline{3}) \times m_2(\underline{3}) = 0.621$$

$$m(\underline{4}) = \frac{1}{k}m_1(\underline{4}) \times m_2(\underline{4}) = 0.261$$

$m(\underline{3}) > m(\underline{4}) > m(\underline{2}) > m(\underline{1})$，说明某可信风险指标隶属于级别 3 的可能性程度最高，隶属于级别 1 的可能性程度最低，其最大风险级别为 4。该值综合了所有专家的评估意见，在对风险级别进行定义的同时，引入了信任度的概念，保留了风险级别隶属级别的所有可能性。

11.3　基于三角模糊值的风险等级表示方法

在得到融合后的可信风险评估权重和可信风险级别后，本书将继续针对最终的评估结果表示方法展开研究。

已知，本章基于 D-S 证据理论融合后的可信风险级别引入了信任度的概念，保留了所有风险隶属等级的可能性。在此基础上，为了向用户提供更全面客观的评估结果，本书结合模糊理论，提出用一个三角模糊值表示某可信风险指标的等级，如图 11-1 所示。

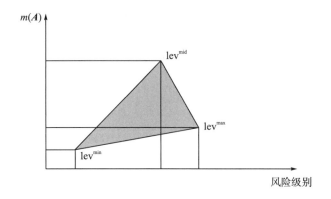

图 11-1　云服务可信风险级别的三角模糊值

图 11-1 中，横轴表示风险的级别 (lev)，纵轴表示风险的信任度 $m(A)$。三角形由三个点所构成，分别是：

(1) lev^{max} 表示风险级别的上限值，其必要条件是 $m(A) > 0$。

(2) lev^{min} 表示风险级别的下限值，其必要条件是 $m(A) > 0$。

(3) lev^mid 表示风险最大的信任度级别，即风险级别隶属于 lev^mid 的可能性程度 $m(A)$ 是最高的。

如上所述，采用三角模糊值表示风险的等级，能够为用户提供直观的评估结果，包括风险的等级上限、等级下限以及最大信任度级别。其中：

(1) 等级上限 lev^max 能够起到警示作用，让用户知晓该风险可能的最大危害级别，以及可能造成的最大风险损害。其信任度 $m(A)$ 越高，且与最大信任度的差距越小，则越需要引起重视。

(2) 等级下限 lev^min 表示该风险可以控制的最小等级。等级下限越高，则该风险所处的风险级别越高。

(3) 最大信任度级别 lev^mid 则代表了在长期运营的实际环境中云服务的最大可能风险级别，相比等级上限 lev^max 和等级下限 lev^min，该值更能反映实际的云服务风险状况。

(4) 等级下限 lev^min 和等级上限 lev^max 共同构成了风险等级的可控区间 [lev^min, lev^max]。

11.4 案 例 分 析

为了验证方法的可行性，本书以第 5 章案例分析中的云服务为评估对象，针对其可信风险展开了评估。

11.4.1 案例评估过程

首先，研究团队抽选了 3 位相关专家，按照本章所提出的方法，依次针对所提出的 19 个可信风险指标展开了评估。这 3 位专家均租赁使用过相关的云服务产品，拥有长期的云服务管理、维护经验，并具备专门的安全认证技术和风险管控策略。在经过评估后，得到了 3 位专家关于 19 个可信风险指标的评估数据，如表 11-6 所示。

表 11-6 可信风险指标的风险级别评估证据

C_1	证据 1	证据 2	证据 3	C_2	证据 1	证据 2	证据 3
1	0	0	0	1	0.15	0.15	0.4
1,2	0.1	0.1	0.25	1,2	0.45	0.3	0.3
2	0.2	0.3	0.2	2	0.2	0.25	0.1
2,3	0.55	0.3	0.25	2,3	0.1	0.2	0.1
3	0.1	0.2	0.15	3	0.1	0.1	0.1
3,4	0.05	0.1	0.15	3,4	0	0	0
4	0	0	0	4	0	0	0
C_3	证据 1	证据 2	证据 3	C_4	证据 1	证据 2	证据 3
1	0.5	0.3	0.3	1	0.1	0.1	0.1
1,2	0.2	0.3	0.3	1,2	0.65	0.3	0.35
2	0.2	0.2	0.2	2	0.1	0.2	0.15
2,3	0.1	0.1	0.1	2,3	0.15	0.2	0.25

续表

3	0	0	0	3	0	0.1	0
3,4	0	0.1	0.1	3,4	0	0.1	0.15
4	0	0	0	4	0	0	0
C_5	证据 1	证据 2	证据 3	C_6	证据 1	证据 2	证据 3
1	0.1	0.1	0.1	1	0.3	0.15	0.25
1,2	0.1	0.2	0.3	1,2	0.3	0.25	0.3
2	0.3	0.3	0.3	2	0.1	0.1	0
2,3	0.2	0.2	0.2	2,3	0.3	0.3	0.35
3	0.2	0.1	0	3	0	0.1	0
3,4	0.1	0.1	0.1	3,4	0	0.1	0.1
4	0	0	0	4	0	0	0
C_7	证据 1	证据 2	证据 3	C_8	证据 1	证据 2	证据 3
1	0.7	0.75	0.8	1	0	0	0
1,2	0.3	0.2	0.2	1,2	0	0	0
2	0	0	0	2	0.3	0.5	0.6
2,3	0	0.05	0	2,3	0.4	0.3	0.3
3	0	0	0	3	0.3	0.2	0.1
3,4	0	0	0	3,4	0	0	0
4	0	0	0	4	0	0	0
C_9	证据 1	证据 2	证据 3	C_{10}	证据 1	证据 2	证据 3
1	0.1	0.1	0.1	1	0.6	0.5	0.5
1,2	0.5	0.5	0.45	1,2	0.3	0.3	0.4
2	0.4	0.4	0.35	2	0	0	0
2,3	0	0	0.1	2,3	0	0.2	0.1
3	0	0	0	3	0.1	0	0
3,4	0	0	0	3,4	0	0	0
4	0	0	0	4	0	0	0
C_{11}	证据 1	证据 2	证据 3	C_{12}	证据 1	证据 2	证据 3
1	0.4	0.3	0.2	1	0	0.2	0
1,2	0.4	0.35	0.3	1,2	0.3	0.15	0.3
2	0.2	0.25	0.3	2	0.2	0.25	0.2
2,3	0	0.1	0.2	2,3	0.5	0.3	0.5
3	0	0	0	3	0	0	0
3,4	0	0	0	3,4	0	0.1	0
4	0	0	0	4	0	0	0
C_{13}	证据 1	证据 2	证据 3	C_{14}	证据 1	证据 2	证据 3
1	0	0	0	1	0.3	0.4	0.4
1,2	0.1	0.2	0.3	1,2	0.45	0.35	0.4
2	0.35	0.25	0.15	2	0	0.15	0
2,3	0.4	0.2	0.2	2,3	0.1	0.1	0.2

	证据1	证据2	证据3		证据1	证据2	证据3
3	0.1	0.1	0.1	3	0.1	0	0
3,4	0.05	0.15	0.15	3,4	0.05	0	0
4	0	0.1	0.1	4	0	0	0
C_{15}	证据1	证据2	证据3	C_{16}	证据1	证据2	证据3
1	0.1	0.1	0.1	1	0	0	0.1
1,2	0.3	0.2	0.4	1,2	0.2	0.3	0.2
2	0.4	0.2	0.1	2	0.4	0.3	0.4
2,3	0.2	0.35	0.3	2,3	0.2	0.3	0.1
3	0	0.1	0.1	3	0	0	0.1
3,4	0	0.05	0	3,4	0.1	0.1	0.1
4	0	0	0	4	0.1	0	0
C_{17}	证据1	证据2	证据3	C_{18}	证据1	证据2	证据3
1	0	0	0	1	0.5	0.6	0.45
1,2	0.2	0.35	0.7	1,2	0.5	0.35	0.45
2	0.65	0.45	0.3	2	0	0.05	0.1
2,3	0.15	0.2	0	2,3	0	0	0
3	0	0	0	3	0	0	0
3,4	0	0	0	3,4	0	0	0
4	0	0	0	4	0	0	0
C_{19}	证据1	证据2	证据3				
1	0	0	0				
1,2	0.35	0.3	0.3				
2	0.1	0.2	0.3				
2,3	0.35	0.25	0.15				
3	0.1	0.15	0.15				
3,4	0.1	0.1	0.1				
4	0	0	0				

表 11-6 中，记载了 3 位专家对各指标 C_i 所属风险级别的信任度评估数据，分别记为证据 1、证据 2 和证据 3。

接下来，为了简化需要分析的任意集 A，将表 11-6 中的数据代入式(11-5)中进行转换，得到了简化后的评估证据，如表 11-7 所示。

表 11-7　简化后可信风险指标的风险级别评估证据

C_1	证据1	证据2	证据3	C_2	证据1	证据2	证据3
1	0.0588	0.0667	0.1515	1	0.3871	0.3000	0.5000
2	0.5000	0.4667	0.4242	2	0.4839	0.5000	0.3571
3	0.4118	0.4000	0.3333	3	0.1290	0.2000	0.1429
4	0.0294	0.0667	0.0909	4	0.0000	0.0000	0.0000
C_3	证据1	证据2	证据3	C_4	证据1	证据2	证据3

续表

	证据 1	证据 2	证据 3		证据 1	证据 2	证据 3
1	0.5385	0.4000	0.4000	1	0.4167	0.2500	0.2571
2	0.3846	0.4000	0.4000	2	0.5000	0.4375	0.4286
3	0.0769	0.1333	0.1333	3	0.0833	0.2500	0.2286
4	0.0000	0.0667	0.0667	4	0.0000	0.0625	0.0857
C_5	证据 1	证据 2	证据 3	C_6	证据 1	证据 2	证据 3
1	0.1429	0.2000	0.2500	1	0.3750	0.2424	0.3143
2	0.4286	0.4667	0.5000	2	0.4375	0.3939	0.3714
3	0.3571	0.2667	0.1875	3	0.1875	0.3030	0.2571
4	0.0714	0.0667	0.0625	4	0.0000	0.0606	0.0571
C_7	证据 1	证据 2	证据 3	C_8	证据 1	证据 2	证据 3
1	0.7692	0.7600	0.8333	1	0.0000	0.0000	0.0000
2	0.2308	0.2000	0.1667	2	0.5000	0.6154	0.6923
3	0.0000	0.0400	0.0000	3	0.5000	0.3846	0.3077
4	0.0000	0.0000	0.0000	4	0.0000	0.0000	0.0000
C_9	证据 1	证据 2	证据 3	C_{10}	证据 1	证据 2	证据 3
1	0.4000	0.4000	0.3548	1	0.6923	0.5333	0.6000
2	0.6000	0.6000	0.5806	2	0.2308	0.3333	0.3333
3	0.0000	0.0000	0.0645	3	0.0769	0.1333	0.0667
4	0.0000	0.0000	0.0000	4	0.0000	0.0000	0.0000
C_{11}	证据 1	证据 2	证据 3	C_{12}	证据 1	证据 2	证据 3
1	0.5714	0.4483	0.3333	1	0.1667	0.2258	0.1667
2	0.4286	0.4828	0.5333	2	0.5556	0.4516	0.5556
3	0.0000	0.0690	0.1333	3	0.2778	0.2581	0.2778
4	0.0000	0.0000	0.0000	4	0.0000	0.0645	0.0000
C_{13}	证据 1	证据 2	证据 3	C_{14}	证据 1	证据 2	证据 3
1	0.0645	0.1290	0.1818	1	0.4688	0.5172	0.5000
2	0.5484	0.4194	0.3939	2	0.3438	0.4138	0.3750
3	0.3548	0.2903	0.2727	3	0.1563	0.0690	0.1250
4	0.0323	0.1613	0.1515	4	0.0313	0.0000	0.0000
C_{15}	证据 1	证据 2	证据 3	C_{16}	证据 1	证据 2	证据 3
1	0.2667	0.1875	0.2941	1	0.1333	0.1765	0.2143
2	0.6000	0.4688	0.4706	2	0.5333	0.5294	0.5000
3	0.1333	0.3125	0.2353	3	0.2000	0.2353	0.2143
4	0.0000	0.0313	0.0000	4	0.1333	0.0588	0.0714
C_{17}	证据 1	证据 2	证据 3	C_{18}	证据 1	证据 2	证据 3
1	0.1481	0.2258	0.4118	1	0.6667	0.7037	0.6207
2	0.7407	0.6452	0.5882	2	0.3333	0.2963	0.3793
3	0.1111	0.1290	0.0000	3	0.0000	0.0000	0.0000
4	0.0000	0.0000	0.0000	4	0	0	0
C_{19}	证据 1	证据 2	证据 3				
1	0.1944	0.1818	0.1935				
2	0.4444	0.4545	0.4839				
3	0.3056	0.3030	0.2581				

4	0.0556	0.0606	0.0645	

紧接着，将表 11-7 中数据代入式 (11-6) 和式 (11-7) 中进行计算，得到融合后的结果，如表 11-8 所示。

表 11-8   经过 D-S 融合后各可信风险指标的风险级别评估结果

C_1	融合后结果	C_2	融合后结果	C_3	融合后结果	C_4	融合后结果
1	0.0923	1	0.3957	1	0.4462	1	0.3079
2	0.4636	2	0.4470	2	0.3949	2	0.4554
3	0.3817	3	0.1573	3	0.1145	3	0.1873
4	0.0623	4	0.0000	4	0.0444	4	0.0494
C_5	融合后结果	C_6	融合后结果	C_7	融合后结果	C_8	融合后结果
1	0.1976	1	0.3106	1	0.7875	1	0.0000
2	0.4651	2	0.4010	2	0.1991	2	0.6026
3	0.2704	3	0.2492	3	0.0133	3	0.3974
4	0.0669	4	0.0392	4	0.0000	4	0.0000
C_9	融合后结果	C_{10}	融合后结果	C_{11}	融合后结果	C_{12}	融合后结果
1	0.3849	1	0.6085	1	0.4510	1	0.1864
2	0.5935	2	0.2991	2	0.4816	2	0.5209
3	0.0215	3	0.0923	3	0.0674	3	0.2712
4	0.0000	4	0.0000	4	0.0000	4	0.0215
C_{13}	融合后结果	C_{14}	融合后结果	C_{15}	融合后结果	C_{16}	融合后结果
1	0.1251	1	0.4953	1	0.2494	1	0.1747
2	0.4539	2	0.3775	2	0.5131	2	0.5209
3	0.3060	3	0.1167	3	0.2270	3	0.2165
4	0.1150	4	0.0104	4	0.0104	4	0.0879
C_{17}	融合后结果	C_{18}	融合后结果	C_{19}	融合后结果		
1	0.2619	1	0.6637	1	0.1899		
2	0.6580	2	0.3363	2	0.4610		
3	0.0800	3	0.0000	3	0.2889		
4	0.0000	4	0.0000	4	0.0602		

11.4.2　结果表示

根据本章所提出的三角模糊值表示方法，将表 11-8 中各指标的风险等级转换为三角模糊值 $\text{lev} = \{\text{lev}^{min}, \text{lev}^{mid}, \text{lev}^{max}\}$，其结果如表 11-9 和图 11-2 所示。

表 11-9   各指标的风险等级三角模糊值及其信任度

	lev^{min}	lev^{mid}	lev^{max}		lev^{min}	lev^{mid}	lev^{max}
C_1	1	2	4	C_2	1	2	3

续表

	lev^{min}	lev^{mid}	lev^{max}		lev^{min}	lev^{mid}	lev^{max}
$m(\underline{A})$	0.0923	0.4636	0.0623	$m(\underline{A})$	0.3957	0.4470	0.1573
C_3	1	1	4	C_4	1	2	4
$m(\underline{A})$	0.4462	0.4462	0.0444	$m(\underline{A})$	0.3079	0.4554	0.0494
C_5	1	2	4	C_6	1	2	4
$m(\underline{A})$	0.1976	0.4651	0.0669	$m(\underline{A})$	0.3106	0.4010	0.0392
C_7	1	1	3	C_8	2	2	3
$m(\underline{A})$	0.7875	0.7875	0.0133	$m(\underline{A})$	0.6026	0.6026	0.3974
C_9	1	2	3	C_{10}	1	1	3
$m(\underline{A})$	0.3849	0.5935	0.0215	$m(\underline{A})$	0.6085	0.6085	0.0923
C_{11}	1	2	3	C_{12}	1	2	4
$m(\underline{A})$	0.4510	0.4816	0.0674	$m(\underline{A})$	0.1864	0.5209	0.0215
C_{13}	1	2	4	C_{14}	1	1	4
$m(\underline{A})$	0.1251	0.4539	0.1150	$m(\underline{A})$	0.4953	0.4953	0.0104
C_{15}	1	2	4	C_{16}	1	2	4
$m(\underline{A})$	0.2494	0.5131	0.0104	$m(\underline{A})$	0.1747	0.5209	0.0879
C_{17}	1	2	3	C_{18}	1	1	2
$m(\underline{A})$	0.2619	0.6580	0.0800	$m(\underline{A})$	0.6637	0.6637	0.3363
C_{19}	1	2	4				
$m(\underline{A})$	0.1899	0.4610	0.0602				

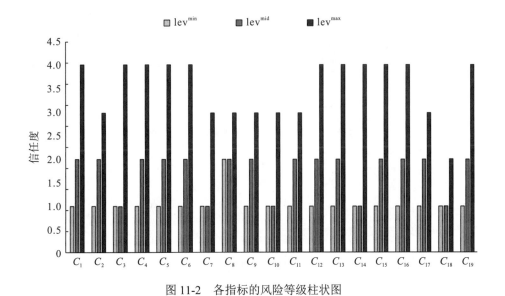

图 11-2　各指标的风险等级柱状图

由图 11-2 可见，各指标的最大信任度等级都位于 1～2 级，并没有超过 2 级，说明在各指标上该服务都处于一个较为安全的可信状态。

等级上限为 4 级的可信风险指标为 $\{C_1, C_3, C_4, C_5, C_6, C_{12}, C_{13}, C_{14}, C_{15}, C_{16}, C_{19}\}$，说明这些指标对云服务均存在较大的潜在风险隐患。但是，从信任度来看，这些指标为 4 级风险指标的可能性程度都较低，低于其最大信任度，说明它们暂时不会引发云服务的风险。

另外，其中 C_8 指标"内部员工恶意操作"的风险区间为 $[2,3]$，其等级下限为 2，说明该指标始终存在风险威胁，是一个难以控制的风险因素。

上述评估结果所蕴含的风险信息还很多，根据风险决策的需求，结合三角模糊值所构成的三角形面积从"可控性"的角度展开分析，另外也能根据风险的信任度大小，预测风险的变化趋势。

在案例的最后，本书也围绕图 4-2 所示的模型，结合改进后的风险评估权重，依次展开了对可信风险类和整体服务风险的评估，得到的结果如图 11-3 所示。

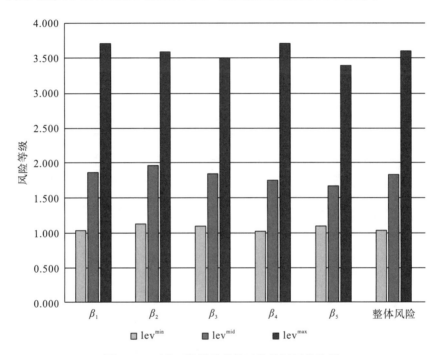

图 11-3　可信风险类及整体风险等级评估结果

由图 11-3 可见，其中 β_2 类风险的最大信任度等级是最高的。另外，高于整体风险最大信任度等级的包括可信风险类 β_1、β_2 和 β_3。这些结论与 5.3 节案例分析所得结论一致，说明两种方法所得结论并不存在冲突。但是相比之下，本章所提出的方法效率更高，并且能够提供给用户的评估结果数据更为全面。

11.5　方 法 总 结

本章定义了可信风险的级别及信任度，将不同专家的评估结果视为有效的证据，结合

D-S 证据理论和近似贝叶斯方法提出了有效的风险评估结果融合方法,并采用三角模糊值的形式对风险的等级进行了描述。这些方法之间相辅相成,建立过程科学合理,共同构成了一套可行的风险等级评估方法。该方法在进行风险等级评估时,具有以下特点。

(1)保留了所有专家的评估观点,通过 D-S 证据理论融合规则,对专家评估结果进行了融合。

(2)采用 D-S 证据理论解决了"冲突证据"问题,并结合近似贝叶斯算法简化了融合的过程。

(3)评估过程中引入了信任度 $m(A)$ 的概念,专家在评估过程中若是存在不确定性的判断,不需要直接给出一个确切的判断,而是结合信任度 $m(A)$ 对具体的风险等级进行评判。

(4)结合模糊理论,用三角模糊值表示风险的等级。该表示方法包含了对风险等级上限 lev^{max}、等级下限 lev^{min}、最大信任度等级 lev^{mid},以及它们的信任度 $m(A)$ 的具体描述。面对实际的云服务可信风险,在评估过程中如果只用一个固定的值描述其级别,可能会丢失掉一些有价值的评估信息。相比较而言,本章用三角模糊值表示风险的等级,不仅能够保留有价值的风险评估结果,而且能够为用户提供风险管控的详细参考。

总的来说,该方法切实可行,能够为用户提供详细的可信风险评估结果,帮助用户合理地进行风险管控。

第12章 改进后的可信云服务评估及选择方法

12.1 方法的实施过程

针对云服务可信风险的权重评估方法和等级评估方法进行改进后,将它们与本书之前所提出的云服务动态评估方法、结果表示方法以及服务选择方法相结合,便共同构成了一套完善的可信云服务评估及选择方法。该方法的实施过程如图 12-1 所示。

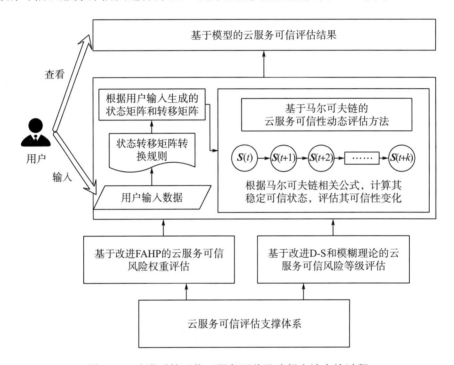

图 12-1 改进后的可信云服务评估及选择方法实施过程

如图 12-1 所示,该方法综合了本书多个章节的研究结果。以本书所建立的云服务可信评估支撑体系为基础,围绕云服务的可信属性模型,分别针对可信风险的权重和等级展开了评估,提出了改进的云服务可信评估方法。紧接着,以该方法为依据,本书又提出了"用户参与的云服务动态评估方法"。最终通过评估,为用户提供"基于模型的可信评估结果",从而帮助用户进行合理的服务选择。关于图中所示的云服务可信性动态评估方法和可信结果表示方法,在之前的第 7~9 章已经进行了详细的阐述,在此不再详细介绍。

12.2　输入与输出

12.2.1　脱离应用场景的评估输入与输出

脱离用户实际应用场景,仅对某云服务进行可信性评估,围绕所提出的评估支撑体系,所需的输入如下。

(1)专家针对可信风险类层、可信指标层建立的权重判断矩阵,包括各可信风险类相对于整体可信性的权重判断矩阵 1 个,以及各可信风险指标相对于不同可信风险类的判断矩阵 5 个。

(2)专家针对各可信风险指标的风险等级的信任度评估。

将以上输入数据代入图 12-1 所示的实施过程中,能够得到的输出结果如下。

(1)各可信风险指标与可信风险类的评估权重。

(2)各可信风险指标的三角模糊值风险等级及其信任度,各可信风险类的三角模糊值风险等级及其信任度,云服务整体可信性的风险等级及其信任度。

(3)云服务可信状态变化的评估结果。

12.2.2　用户服务选择时评估所需的输入和输出

对于用户而言,要结合自身应用场景进行服务选择,所需输入如下。

(1)专家针对可信风险类层、可信指标层建立的权重判断矩阵,包括各可信风险类相对于整体可信性的权重判断矩阵 1 个,以及各可信风险指标相对于不同可信风险类的判断矩阵 5 个。

(2)用户结合自身应用场景,针对本书第 9 章所提出的用户问卷给出的答案。

根据以上输入,能够得到的输出结果分别如下。

(1)各可信风险指标与可信风险类的评估权重。

(2)各可信风险指标的三角模糊值风险等级及其信任度,各可信风险类的三角模糊值风险等级及其信任度,云服务整体可信性的风险等级及其信任度。

(3)云服务可信状态变化的评估结果。

(4)云服务可信分级说明文档。

12.3　方法具有的功能和效果

总的来说,图 12-1 中所示的方法行之有效,能够为云服务可信的评估和选择以及风险的决策管控提供重要支撑。具体能够实现的功能和效果如下。

(1)通过所建立的云服务可信评估支撑体系,能够为相关云服务的可信评估提供可用的属性模型、分级规范和可信证据。

(2)提出了基于改进 FAHP 的云服务可信风险权重评估方法,提高了权重评估的效率,增强了权重评估结果的分辨率，能够为云服务风险以及其他风险的权重评估提供参考。

(3)结合 D-S 证据理论，提出了有效的风险评估结果融合方法，解决了评估过程中存在的"冲突信息"问题。

(4)结合模糊理论，提出采用模糊三角值分别表示可信风险的等级上限、等级下限和最大信任度等级，为云服务风险等级的表示提出了新的方法，为风险的管控提供了详细的依据。

(5)基于马尔可夫链，提出了云服务可信状态及其状态转移矩阵的概念，实现了对云服务可信性的动态评估，能够为用户提供相关服务可信性变化的评估结果。

(6)在评估过程中，引入了对用户实际应用场景的考虑，能够帮助用户结合自身需求，进行云服务可信性的专门评估，从而帮助用户合理地选择可信的云服务。

12.4　方法的不足

虽然该方法有效可行，但也存在需要改进和加强的地方。

(1)所提出的可信风险属性模型中，底层所包含的可信风险指标过多，造成权重评估时所需建立的判断矩阵维度较高。即使采用改进 FAHP 的方法，也只能省去一致性检验的烦琐步骤，但仍然需要针对所有可信风险指标建立其判断矩阵。

(2)关于可信风险等级的评估，提出了 {1}、{2}、{3}、{4}、{1,2}、{2,3}、{3,4} 等风险等级的可能集合，仅考虑了相邻两个等级的可能集合，如 {1,2}、{2,3}、{3,4} 等。然而，实际的云服务风险等级却有可能隶属于 {1,2,3}、{2,3,4}、{1,2,3,4} 等集合。因此，要加强风险等级评估的客观性，在风险等级的评估中，还需要进一步考虑加入这些集合，以及引入这些集合后的计算复杂度等。

(3)对于云服务可信性的评估结果，除了风险等级的评估结果，以及可信状态变化结果外，还应该提供针对云服务可信风险的可控性评估结果。

对于上述研究方法中的不足，在今后的研究中还将继续深入讨论和分析。

第13章　可信云服务的管理及对策建议

基于云计算迅猛发展大背景下催生出的云服务已然成为云端服务行业发展的新热点，云端部署模式突破了传统信息产业界单一网络模式的局限。在云服务环境下，若云服务的行为和结果总是与用户预期的行为与结果一致[109]，那么就可称该云服务是可信的。因此，云服务是否能广泛推广和落地，很大程度上取决于云服务的可信度能否使用户满意。

13.1　服务商职能及管理对策建议

云服务商作为搭建云端并对外提供云服务产品的一方，主要的工作包括服务部署、云端管理、安全保障和隐私保护等，在确保云端功能稳定性和运作高效性的同时，提高可信度也尤为重要，可从以下几点工作做起。

(1)云服务的标准化要求。作为新兴的网络技术，云服务在发展过程中面临的风险和挑战，一定程度上来源于缺乏规范的行业发展标准，使得部分服务商在技术或服务等方面存在造成风险的可能。要真正实现云服务的标准化要求，需要多方力量牵头，共同协商建立一套适用于现有市场的行业标准。服务商需要在行业标准的基础上，从技术标准、用户标准和评估标准三方面来推进行业内部标准化。

(2)加强数据保护。数据作为云服务的核心，其安全程度直接影响到云服务的可信程度，包括数据存放物理地址、残留数据处理、数据的容灾恢复和数据的加密等方面都时刻与云服务的安全相关联。对于数据的规整和处理，服务商要形成一套标准化的处理流程，从多方法混合数据加密技术、数据的异地备份与记录、存储物理设备的定期检查和更换等方面来全面加强对数据的保护。

(3)提高系统安全。提升系统和网络安全作为服务商的重要职能之一，对健全可信云服务有着举足轻重的意义。云服务商要时刻监控系统和网络运行，做好风险预防工作和安全评估工作，多方位拟定风险保护预案，最终建立具有多重保护的云服务安全体系。

(4)健全风险承担协议。纵使云服务商在努力保证服务安全性，仍不可避免会受到风险的威胁，给服务商及用户带来一定程度的风险隐患，许多协议的规定都存在风险与责任分配不均衡的问题[110]。因此，在风险发生前，服务商应加强自身的法律责任意识，依法规完善风险承担协议，划分责任归属条例，与用户签订相关风险承担协议，以最大程度避免风险出现带来的责任纠纷。

(5)内外部监管齐下。云服务商在交互过程中具有全局的管理和控制权[111]，诸多的云服务商因内部监管力度不够经常会出现疏漏而导致风险[112]。在面对此类风险时，需要服务商对内部进行严格的管理，落实各项操作流程的标准化和公开透明化，同时要对员工进行法律教育，使其明确自身的法律责任。面向外部监管，服务商要积极配合第三方公信机构的监督，配合执行各方面的审查。

(6)落实用户权益保障。不论是面对企业还是个体用户，服务商都应权衡双方权益，在确保自身权益和发展的同时也要兼顾用户的权益保障，及时准确地告知用户相关的权益条例，并依法签订权益书。

(7)注重与用户的沟通与反馈。云服务商需要加强与用户的互动，收集反馈数据进行分析，整合出可信度缺失的方面并加以完善。同时，云服务商有义务向用户全面地介绍产品注意事项、使用细节和规避风险的方法，共同做好风险防范。

13.2   平台商职能及管理对策建议

平台商的作用主要为将云服务资源进行封装，为用户提供数据库、中间件等[113]技术服务，帮助用户建设自己的平台。平台商作为用户与云服务方之间的桥梁，在可信云服务中需要完成下列工作。

(1)建立规范、统一的服务体系。建立规范、统一的服务体系是必不可少的，能够降低资源的浪费，更加简便地管理各项技术服务，同时能够最大限度地降低因技术对接而导致失误的概率，在发生问题时也能降低损失。

(2)完善自身的供应链与服务。在搭建用户自己的应用的过程中，平台商应多收集用户的反馈建议，对具有缺陷的模块进行及时处理，对未完善的技术进行探究。同时，由于市场状况与用户需求变化较快，要时刻关注市场动向，进一步具有针对性地完善自身技术与服务水平，并对存在或可能发生的风险问题提出相应的对策，提升整个云服务体系应对突发情况的能力。

(3)保障数据传输安全[114]。解决数据传输安全的问题是整个服务最为重要的环节，对此平台应有一定的应对策略。将数据进行加密打包、使用安全的传输协议、使用可靠的接口。排查传输过程中存在的安全隐患，对可能发生的问题拟定相应的解决方案，从而将不必要的损失彻底抹除。

(4)提高内部监管能力。对内部设施进行定期的安全检测与更换，制作合理的内部人员管理体系，加强多方面的安全监管。

13.3   应用商职能及管理对策建议

应用商能够在可信云服务体系中为企业用户或个人用户提供软件服务，在这个过程中需要完成以下工作。

(1)参考多方意见对服务商进行选择。在选择云服务商时，应主动进行市场调研，归纳整理多方意见从而对云服务商作出选择。不能只听取服务商本身的一面之词，应从多方位对云服务商进行了解和分析，参考市场同行，再结合自身情况选择靠谱的云服务商。

(2)加深对服务商的理解。查阅资料、走访市场，对服务商进行全方位的调查了解，在合作时才能顺利高效。应用商也应加强与云服务商的沟通，增加对服务商的了解，并在沟通过程中双方能够对服务体系进一步的细化，对未知的问题共同作出预测并采取相应的措施。

（3）提高自身应用安全性。应用商在使用接口时，要进行全面的甄别，当遇到不确定的情况时，应及时与云服务方沟通，选择最为安全可靠的接口。对于自身的数据，需要有相应的保护系统，对数据进行定期的检测与备份并设有自我销毁功能，当数据遭受攻击、发生泄露时也应有相应的策略。

（4）完善内部架构与管理[115]。加大对企业员工有关云服务的培训，让员工了解市场行情，在项目建设或遇到突发问题时都能够有效应对。建设优良的团队管理方案，在项目运作中团队能够井井有条的配合。

13.4　用户选择须知及管理对策建议

对现有大多数云服务商提供的信息安全责任及服务协议进行剖析可知，用户与服务商的责任分配不均衡使得用户一直处于弱势一方。若要加强用户应对未来风险的能力，提高用户对服务商的认知了解，必须从以下几点做起。

（1）仔细分析云服务协议。在选择合适的云服务商前，用户应认真阅读并分析服务商提供的服务协议，对协议涉及的信息安全责任归属进行剖析，知晓隐私协议、免责声明、协议终止等重要内容，一旦发生纠纷，可利用协议进行维权和安全责任划定。

（2）对服务商进行评估。云环境下，对服务商进行评估是企业选择合适服务商的重要环节[116]。用户通过同行评价、专业评估和服务等级协议（service level agreement，SLA）分析等展开评估，将具有潜在安全风险的云服务商排除，进而选用安全性高且贴合自身需求的服务商。

（3）加深对服务商的理解。在选择云服务商后，用户应主动了解服务商的运作管理和操作技术等相关信息，知悉服务协议、安全责任书等条例，做好风险应对预案。

（4）提高数据保护意识。作为服务的双方，除了服务商要对数据进行严格的管控和保护，用户也要提高数据保护意识，有策略地对数据进行备份、加密和分类存储，做到只使用服务商提供或推荐的安全接口，有意识地去辨别网络信息的真假。

13.5　多方合作的云服务管理及监督模式

综上所述，若想打造一个优质的云服务网络生态环境，则需要多方平台的全力配合，各种角色共同作用。各角色关系如图 13-1 所示。

除了云服务商、平台商、应用商与用户四方的合作外，云服务管理需要建立一套完善的内外监督模式，从宏观的外部环境和微观的内部服务来多方位监督，以此加强云服务的公信力的可信度。

内部监督主要由服务商、平台商、应用商三方通过制定严格的监督管理体制、增强员工的法律责任意识、提高业务流程的安全性和规范性等措施来实现。同时，用户作为受服务方，有权利和义务对云服务各角色进行监督，共同提高云服务可信度。

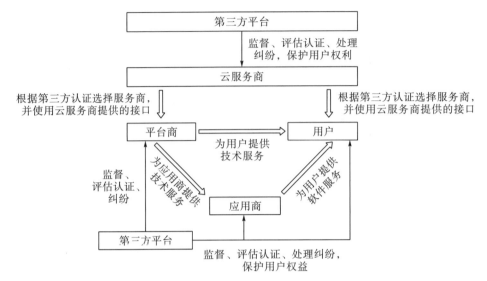

图 13-1　多方合作的云服务管理及监督模式

外部监督主要由第三方公信机构实施监督职能，通过政府出面建立具有实权的监督机构，从以下几点工作展开监督管理。

(1) 服务和管理的监督。除了各角色之间的相互配合，若要形成一个健康的体系，公平公正的外部监督是必不可少的。由第三方平台来制定业内标准，并实施监督，能有效约束云服务商、平台商、应用商的不良行为，使交易流程更具规范性，保障用户的权益与安全。

(2) 服务的评估。第三方机构需要制定一套业内执行的标准，要求云服务商按标准要求进行规范化提升。同时，要制定相关的评估条例，对云服务商的安全性、内部管理、技术操作等方面进行多方位评估，按等级对云服务商进行划分，达到促进业内服务商良性发展的目的。

(3) 服务认证。经由第三方平台对各方平台服务评估后，与业内标准对比，进而对服务平台采取质量判定，吊销不合格平台方的营业资格，以此有效地将质量较差的商家排除在市场之外，促进各方对自身品质的完善，从根源上保护用户的权益，使用户在选择云服务商、平台商、应用商时更加高效便利。

(4) 处理纠纷与责任分配。当用户和云服务商出现纠纷且无法依靠服务协议进行安全责任划定时，需要第三方公信机构依据云服务相关立法和行业标准来进行协调。

综上，形成一个优质良好的可信云服务体系，多方共同合作、相互配合是必不可少的。每一方尽力尽责地完成自我职责，在运作的同时不断提升质量，规范行为操作，接受第三方监督；而监督方在体系运作当中，也具有举足轻重的作用，将严格的检查贯彻到底，为保护用户权益做出最大的努力。在各方不断的配合下，在市场上形成一个平衡的可信云服务体系，这将为互联网行业的发展带来极大的推进作用。

第 14 章　结论与展望

14.1　研究工作回顾

在国家战略和相关政策的支持下，云服务市场呈现出高速发展的态势，云服务产业已然成为信息产业发展的重要支柱。云计算服务及其相关应用的发展是国家战略的重点，是产业转型和升级的重要支撑，反映一个国家的技术水平，是未来国家竞争力的重要组成部分。然而，随着云服务市场的扩大和用户应用需求的逐渐多样化，云服务及其相关市场也产生了许多可信问题。这些可信问题存在于多个层面，涉及技术、人为操作、管理措施、应用环境以及法律法规等相关因素，损害到了云服务商、平台商、应用开发商和最终用户等相关职能角色的切身利益，成为发展过程中制约云服务市场拓展的重要问题。

为此，本书针对云服务的可信评估和服务选择展开了研究，主要的研究工作及成果如下所述。

（1）在展开研究前，本书介绍了云服务模式及其可信性特点，并参阅相关文献从不同角度解释了云服务可信性的含义，梳理了与云服务可信研究相关的重要理论和方法，为开展云服务可信性的理论学习和研究提供了帮助。

（2）建立了云服务可信评估的支撑体系。该体系由云服务的可信属性模型、可信分级和可信证据三个重要组成部分所构成，为云服务的可信评估提供了属性模型的支撑，同时也为评估提供了参考依据和分级说明。该体系对于云服务的可信评估研究有着重要的价值。

（3）提出了基于 FAHP 和风险矩阵的云服务可信评估方法。本书将 FAHP 和风险矩阵融入到了云服务的可信评估研究中，结合两种方法的优势提出了一种有效的云服务可信评估方法。该方法的构建科学合理，能够实现对云服务整体可信性和不同维度可信性的评估，其评估结果具有客观性。

（4）提出了基于模糊熵理论的云服务可信性综合评估方法。该方法结合模糊理论，定义了云服务可信性的模糊集，并构建了对应的模糊集隶属度函数，为云服务的可信评估提供了新的思路，实现了对云服务可信性的模糊综合评估。

（5）提出了基于马尔可夫链的可信性动态评估方法。本书根据马尔可夫链原理，定义了云服务可信状态矩阵和状态转移矩阵，并根据马尔可夫链的计算公式针对云服务的可信性变化进行了评估和预测分析，实现了对云服务可信性的动态评估。

（6）提出了一种基于模型的可信评估结果表示方法。本书提出结合可信属性模型和配套的分级说明向用户展示评估的结果，帮助用户从不同维度、不同层次理解评估结果的含义。同时，向用户提供该服务可信性变化的预测分析结果，为用户提供全面的评估结果。

（7）提出了一种面向用户的服务选择方法。该方法强调"面向用户"，即要能够结合用户的具体应用场景给出具体的可信评估结果，帮助用户进行服务选择。对此，本书结合所提出的动态评估方法和结果表示方法，设立了专门的转换规则(根据用户的输入生成云服务的可信状态转移矩阵)，从而结合用户具体应用场景展开分析，给出专门的评估结果供用户进行服务选择。

(8)提出了基于改进FAHP的可信风险权重评估方法。该方法针对FAHP方法在评估过程中存在的一致性检验问题，结合模糊一致矩阵的构建方法进行了改进，省去了FAHP在评估过程中一致性检验的烦琐步骤。另外，该方法还针对评估后的权重，提出了有效的变权方法，能够为决策提供更具分辨率的权重评估结果。

(9)提出了基于改进D-S和模糊理论的可信风险等级评估方法。该方法针对评估过程中可能会产生的多种有效结果，结合 D-S 证据理论提出了有效的风险等级评估结果融合方法。另外，为了向用户提供直观有效的风险等级评估结果，该方法还针对最终融合后的风险等级，结合信任度和三角模糊值的概念提出了一种有效的风险等级表示方法。

(10)为提升对云服务的可信管控，本书分别针对服务提供商、平台商、应用商和最终的用户给出了详细的对策和建议，并针对各职能角色提出了一种多方合作的云服务管理及监督模式。

14.2　未来工作展望

虽然本书针对云服务的可信研究做了较多的工作，但这也只能为云服务的发展提供有限的帮助。云服务的市场极为庞大，所涉及的领域众多、牵扯的职能角色复杂，并非本书所能一一列举。另外，伴随着未来产业的变革，新的应用需求也会应运而生，对云服务的可信管控带来新的挑战。

因此，对于云服务及其可信性的研究必将是一个漫长的过程，随着"云"的发展势必还会出现许多新的研究问题。作者深信只有通过不断的研究，才能为云计算技术及其相关服务的发展提供坚实的理论支撑，从而保障整个云服务产业的良性持续发展。

为此，在未来的研究中，作者及其团队还将继续跟进学习云服务可信性相关的前沿理论，展开相关的工作，诸如：①丰富和完善本书所提出的可信属性模型，为云服务的可信评估提供更为全面的指标；②改进本书所提出方法存在的不足，如提升算法效率、降低评估开支、保障评估客观性等；③结合大数据、物联网等相关技术，实时获取用户反馈，提出更为有效的可信评估和服务选择方法。总而言之，云服务的可信研究是一个重要和长远的研究课题，作者及其团队都将始终保持对云服务及其相关服务应用研究的初衷，在后续的工作中期望能够提出更多合理的观点和有效的方法。

参 考 文 献

[1]Armbrust M, Fox A, Griffith R,et al. A view of cloud computing. Communications of the ACM, 2010, 53（4）:50-58.

[2]姜茸, 杨明, 马自飞, 等. 云计算安全风险度量评估与管理. 北京: 科学出版社, 2016.

[3]Amoroso E , Taylor C , Watson J , et al. A process-oriented methodology for assessing and improving software trustworthiness// CCS'94, Proceedings of the 2nd ACM Conference on Computer and Communications Security, Fairfax, Virginia, USA, November 2-4, 1994. ACM, 1994.

[4]Group T C. Trusted computing platform alliance（TCPA）main specification version 1.1b. 2001. http://www. trustedcom putinggroup.org.

[5]Howard M，Leblanc D E. Writing Secure Code. USA: Writing Secure Code，2001.

[6]Schmidt H W. Trustworthy components-compositionality and prediction. Journal of Systems and Software, 2003，65（3）：215-225.

[7]陈火旺, 王戟, 董威. 高可信软件工程技术. 电子学报, 2003，31（S1）: 1933-1938.

[8]Architectures C. Principled assuredly trustworthy composable architectures. Cdrl A0001 Final Report, 2004.

[9]Avizienis A , Laprie J C , Randell B , et al. Basic concepts and taxonomy of dependable and secure computing. IEEE Transactions on Dependable and Secure Computing, 2004, 1（1）:11-33..

[10]ISO/IEC, 15408-1:2005. Information technology—Security techniques—Evaluation criteria for IT security—Part 1: Introduction and general model. 2005.

[11]王怀民, 唐扬斌, 尹刚,等. 互联网软件的可信机理. 中国科学:技术科学, 2006, 36（10）:1156-1169.

[12]Shen C X,Zhang H G,Feng D G, et al. Survey of information security. Science China Information Sciences, 2007，50（3）: 273-298.

[13]刘克, 单志广, 王戟, "可信软件基础研究" 重大研究计划综述. 中国科学基金, 2008（03）: 19-25.

[14]Safonov V O. Using aspect-oriented programming for trustworthy software development （Safonov/AOP for Trustworthy Software Development） || Aspect-Oriented Programming and Aspect.NET. 2008. DOI:10.1002/9780470283110: 50-127.

[15]顾鑫, 徐正权, 刘进. 基于云理论的可信研究及展望. 通信学报, 2011，32（7）: 176-181.

[16]罗新星, 唐振宇, 赵玉洁. 基于马尔可夫链的可信软件动态评估模型. 计算机应用研究, 2015（08）: 2400-2405.

[17]沈昌祥. 科学的网络安全观与可信计算 3.0. 2018. https://www.sohu.com/a/218971870_358040.

[18]Yang, X, Luo P, Jabeen G. A measurable socialtotech software trust framework. IOP Conference Series Earth and Environmental Science, 2019，234: 012073.

[19]张吉军. 模糊层次分析法（FAHP）. 模糊系统与数学, 2000, 14（2）:9.

[20]平凡 , 柴立和. 熵原理作为宇宙第一法则的辩护. 系统科学学报, 2010，3: 17-22.

[21]孙东川, 林福永, 孙凯, 系统工程引论. 北京: 清华大学出版社, 2009.

[22]Cover T M . Elements of Information Theory. New Jersey: Wiley-Interscience, 2017.

[23]Shannon C E, Weaver W. The mathematical theory of communication. Bell Labs Technical Journal, 1950，3（9）: 31-32.

[24]Gray R M. Entropy and Information Theory. New York: Springer-Verlag，1990.

[25]Jaynes E T. Information theory and statistical mechanics. Physical Review, 1957，106: 620-630.

[26]田志勇, 关忠良, 王思强. 基于信息熵的能源消费结构演变分析. 交通运输系统工程与信息, 2009, 9(1): 117-121.

[27]耿海青, 谷树忠, 国冬梅. 基于信息熵的城市居民家庭能源消费结构演变分析——以无锡市为例. 自然资源学报, 2004, 19(2): 257-262.

[28]唐家华. 基于信息熵的公共管理组织结构扁平化研究. 昆明: 云南大学, 2011.

[29]徐良培, 李淑华, 陶建平.基于信息熵理论的我国农产品供应链运作模式研究. 安徽农业科学, 2010, 38(5): 2626-2629.

[30]李电生, 夏国建. 基于结构熵理论的供应链系统有序度评价研究. 北京交通大学学报(社会科学版), 2008, 7(4): 40-43.

[31]郭春荣. 基于熵的供应链系统的自组织性与混沌性分析. 现代管理科学, 2008(2): 39-40.

[32]王慧敏, 陈志松, 陈军飞. 供应链中库存系统的信息熵. 工业工程, 2007, 10(6): 32-37.

[33]徐鑫, 何畏, 周永务. 熵在供应链供需不确定性中的应用. 运筹与管理, 2005, 14(6): 51-56.

[34]霍红, 冀方亮, 丁晨光. 熵与供应链管理系统研究. 哈尔滨商业大学学报: 社会科学版, 2005(6): 40-41.

[35]张彦高, 李纬澍. 耗散结构论在供应链管理中的应用. 物流技术, 2004(7): 42-45.

[36]谢霖铨, 杨莹. 多目标风险评估中信息熵的应用. 商业时代, 2011(7): 83-84.

[37]覃正, 姚公安. 基于信息熵的供应链稳定性研究. 控制与决策, 2006, 21(6): 693-696.

[38]杨莹. 信息熵在工程多目标风险管理中应用的研究. 赣州:江西理工大学, 2012.

[39]王华, 王云刚. 基于信息熵的工程项目风险决策. 沈阳工业大学学报(社会科学版), 2011, 2: 61-65.

[40]姜茸. 信息熵及其在软件项目管理中的研究与应用. 昆明: 云南大学, 2011.

[41]Rabiner L R . A tutorial on hidden Markov models and selected applications in speech recognition. Proceedings of the IEEE, 1989, 77(2): 257-286.

[42]盛骤, 试式千, 潘承毅. 概率论与数理统计. 北京: 高等教育出版社, 2003.

[43]刘嘉焜, 王家生, 张玉环. 应用概率统计. 北京: 科学出版社, 2004.

[44]龚光鲁, 钱敏平. 应用随机过程教程. 北京: 清华大学出版社, 2004.

[45]Deeter B, Robinson E, Catlett H, et al. State of the Cloud 2020. Bessemer Venture Partners, 2020.

[46]Alam K A. An uncertainty-aware integrated fuzzy ahp-waspas model to evaluate public cloud computing services. Procedia Computer Science, 2018, 130: 504-509.

[47]Li C,Wang S L,Kang L, et al. Trust evaluation model of cloud manufacturing service platform. International Journal of Advanced Manufacturing Technology, 2014, 75(1-4): 489-501.

[48]Ping L , Yuan L , Hu J , et al. A comprehensive assessment approach to evaluate the trustworthiness of manufacturing services in cloud manufacturing environment. IEEE Access, 2018, 6:30819-30828.

[49]陈倩倩, 许丽星, 龚彬. 高冲突性证据的软件可信性评估方法. 兵工自动化, 2019, 38(2): 58-62.

[50]刘玮, 邹璐琨, 霸元捷, 等. 基于凸函数证据理论的关联感知云服务信任模型. 计算机工程与科学, 2019, 41(1): 47-55.

[51]刘钻石, 耿秀丽. 基于D-S理论的可信云服务评价方法研究. 计算机工程与应用, 2017, 53(17): 70-76.

[52]王德鑫 , 王青. 支持软件过程可信评估的可信证据. 软件学报, 2018, 29(11): 178-200.

[53]李晓红, 王翔宇, 张涛,等. 基于缺陷分析与测试评审的软件可信性评价方法. 清华大学学报:自然科学版, 2011.DOI: CNKI:SUN:QHXB.0.2011-10-012.

[54]Fan C L.Defect risk assessment using a hybrid machine learning method. Journal of Construction Engineering and Management, 2020, 146(9): 04020102.

[55]李克文, 王义龙, 邵明文,等. 基于软件缺陷的可信证据度量模型. 计算机工程与设计, 2017, 38(3): 640-645.

[56]Rong J. A trustworthiness evaluation method for software architectures based on the principle of maximum entropy (POME) and

the grey decision-making method (GDMM). Entropy, 2014，16(9)：4818.

[57]Gao T L, Li T, Yang M, et al. Research on a trustworthiness measurement method of cloud service construction processes based on information entropy. Entropy, 2019，21(5)：462.

[58]Gao T L, Li T, Jiang R, et al. Research on cloud service security measurement based on information entropy. International Journal of Network Security, 2019, 21(6):1003-1013.

[59]Hu X.A privacy protection model for health care big data based on trust evaluation access control in cloud service environment. Journal of Intelligent and Fuzzy Systems, 2020，38(5)：1-12.

[60]Mohsenzadeh A, Motameni H, Meng J E. Retraction note to: a new trust evaluation algorithm between cloud entities based on fuzzy mathematics. International Journal of Fuzzy Systems, 2019, 21:659-672.

[61]冉培志, 李伟, 鲍然, 等. 基于改进模糊综合评判的仿真可信度评估方法. 系统仿真学报, 2020，32(12)：185-190.

[62]王丹, 周涛, 武毅, 等. 基于贝叶斯网络的可信平台控制模块风险评估模型. 计算机应用, 2011，31(3)：767-770.

[63]Song Y, Wang Y, Jin D. A bayesian approach based on bayes minimum risk decision for reliability assessment of web service composition. Future Internet, 2020，12(12)：221.

[64]陈平, 王兴建, 党德鹏. 基于 Petri 网的 Web 服务事务模型形式化构建及基于贝叶斯网络的事务可靠性研究. 通信学报, 2018，39(S1)：99-104.

[65]Sidhu J, Singh S. Improved TOPSIS method based trust evaluation framework for determining trustworthiness of cloud service providers. Journal of Grid Computing, 2016，15(1)：1-25.

[66]Fan W, Perros H. A novel trust management framework for multi-cloud environments based on trust service providers. Knowledge-Based Systems, 2014，70：392-406.

[67]Wagdy T D, Ibrahim E H , Wajeb G. A trust framework utilization in cloud computing environment based on multi-criteria decision-making methods. The Computer Journal, 2021. DOI:10.1093/comjnl/bxaa138.

[68]蔡斯博, 邹艳珍, 邵凌霜, 等.一种支持软件资源可信评估的框架. 软件学报, 2010，21(2)：359-372.

[69]Shuai D, Yang S, Zhang Y, et al. Combining QoS prediction and customer satisfaction estimation to solve cloud service trustworthiness evaluation problems. Knowledge-Based Systems, 2014, 56：216-225.

[70]Zhou G S, Du W, Lin H C, et al. An approach for public cloud trustworthiness assessment based on users' evaluation and performance indicators. International Journal of Computational Science and Engineering, 2019, 19(2):206.

[71]Singh S , Sidhu J . Compliance-based multi-dimensional trust evaluation system for determining trustworthiness of cloud service providers. Future Generation Computer Systems, 2017, 67:109-132.

[72]Jin Z , Hailong S , Xudong L , et al. Dynamic evolution mechanism for trustworthy software based on service composition. 软件学报, 2010，21(2)：261-276.

[73]Tao H, Chen Y. A metric model for trustworthiness of softwares//IEEE/WIC/ACM International Joint Conferences on Web Intelligence & Intelligent Agent Technologies. 2009.

[74]Lin C, Xue C. Multi-objective evaluation and optimization on trustworthy computing. Science China Information Sciences, 2016，59(10)：108102.

[75]Hassan H, El-Desouky A I, Ibrahim A, et al. Enhanced QoS-based model for trust assessment in cloud computing environment. IEEE Access, 2020, (9):1-1.

[76]Wang H. TRUSTIE: towards software production based on crowd wisdom//International Systems & Software Product Line Conference. 2016.

[77]沈国华, 黄志球, 谢冰,等. 软件可信评估研究综述:标准、模型与工具. 软件学报,2016,27(4): 191-204.

[78]Alabool H M, Mahmood A K. Trust-based service selection in public cloud computing using fuzzy modified VIKOR method. Australian Journal of Basic and Applied Sciences, 2013,7(9): 211-220.

[79]Tang M D, Dai X L, Liu J X, et al. Towards a trust evaluation middleware for cloud service selection. Future generations computer systems: FGCS, 2017,74: 302-312.

[80]Du R Z, Tian J F, Zhang H G. Cloud service selection model based on trust and personality preferences. Journal of Zhejiang University, 2013,47(1): 53-61.

[81]Supriya M. Estimating trust value for cloud service providers using fuzzy logic. International Journal of Computer Applications, 2012,48(19): 28-34.

[82]Pan Y, Shuai D , Fan W , et al. Trust-enhanced cloud service selection model based on qos analysis. Plos One, 2015,10(11): e0143448.

[83]Sriram V S, Marudhadevi D, Dhatchayani V, et al. A trust evaluation model for cloud computing using service level agreement. The Computer Journal, 2015, 58(10):2225-2232.

[84]朱锐, 王怀民, 冯大为. 基于偏好推荐的可信服务选择. 软件学报,2011,22(5): 852-864.

[85]潘静, 徐锋, 吕建. 面向可信服务选取的基于声誉的推荐者发现方法. 软件学报,2010,21(2): 388-400.

[86]盛国军, 温涛, 郭权,等. 基于改进蚁群算法的可信服务发现. 通信学报,2013,000(010): 37-48.

[87]邓丽平, 段利国, 杨丽凤. 面向行为的可信 Web 服务选择方法. 计算机工程与应用,2019,55(4): 117-123.

[88]Su K , Xiao B , Liu B , et al. TAP: a personalized trust-aware QoS prediction approach for web service recommendation. Knowledge-Based Systems, 2016: 55-65.

[89]陈健, 朱庆生, 张程, QoS 感知的语义服务组合搜索算法. 计算机工程与应用,2017(2): 58-63.

[90]刘书雷, 刘云翔, 张帆. 一种服务聚合中 QoS 全局最优服务动态选择算法. 软件学报,2007(3): 176-186.

[91]Wang H , Chao Y , Lei W , et al. Effective bigdata-space service selection over trust and heterogeneous QoS preferences. IEEE Transactions on Services Computing, 2018(4): 1.

[92]Luo X , Lv Y , Li R , et al. Web service QoS prediction based on adaptive dynamic programming using fuzzy neural networks for cloud services. IEEE Access, 2017,3: 2260-2269.

[93]韩敏, 孙国庆, 郑丹晨,等. 一种基于时变 Petri 网的服务组合质量检验方法. 软件学报,2019,30(8):17.

[94]Mrabet M, Saied Y B, Saidane L A. CAN-TM: chain augmented nave bayes-based trust model for reliable cloud service selection. ACM Transactions on Internet Technology, 2019, 19(4): 1-20.

[95]何小霞, 谭良.基于 Hadoop 的可信 Web 服务多维 QoS 权重最优选择模型. 计算机科学,2015,42(4): 51-55.

[96]马建威, 陈洪辉, Reiff-Marganiec S. 基于混合推荐和隐马尔可夫模型的服务推荐方法. 中南大学学报(自然科学版), 2016(47): 90.

[97]游静, 冯辉, 孙玉强. 云环境下基于协同推荐的信任评估与服务选择. 计算机科学,2016, 43(5):140-145.

[98]Gao M, Ling B, Yang L, et al. From similarity perspective: a robust collaborative filtering approach for service recommendations. 中国计算机科学前沿:英文版, 2019, 13(2): 231-246.

[99]Bc A, Hao F B, Sl B, et al. The recommendation service of the shareholding for fund companies based on improved collaborative filtering method. Procedia Computer Science, 2019, 162:68-75.

[100]Zhu Q, Kuang X, Shen Y. Risk matrix method and its application in the field of technical project risk management. Engineering Science, 2003,5:78-88.

[101]姜枫. 基于模糊多属性的决策方法研究. 合肥：中国科学技术大学，2013.

[102]樊治平, 姜艳萍,肖四汉. 模糊判断矩阵的一致性及其性质. 控制与决策, 2001，16(1)：3.

[103]付国庆, 张菊玲, 袁勤. 改进的 FAHP 信息安全风险评估方法. 电子设计工程, 2014，000(012)：45-49,52.

[104]Dempster A P. Upper and lower probabilities induced by a multivalued mapping. Annals of Mathematical Statistics, 1967，38(2)：325-339.

[105]Tang Y, Wu D, Liu Z. A new approach for generation of generalized basic probability assignment in the evidence theory. Pattern Analysis and Applications, 2021，24(3)：1007-1023.

[106]Yen J. Generalizing the Dempster-Shafer theory to fuzzy sets. Systems Man & Cybernetics IEEE Transactions on, 1990，20(3)：559-570.

[107]Shafer G A. A Mathematical Theory of Evidence. Technometrics，1978，5：106.

[108]Voorbraak F. A computationally efficient approximation of Dempster-Shafer theory. International Journal of Man-Machine Studies, 1988, 30(5)：525-536.

[109]丁滟, 王怀民, 史佩昌,等. 可信云服务. 计算机学报, 2015, 38(1)：133-149.

[110]黄国彬, 郑琳. 基于服务协议的云服务提供商信息安全责任剖析. 图书馆, 2015, 000(007)：61-65.

[111]张伟匡, 刘敏榕, 李治准. 云时代企业竞争情报安全问题及对策研究. 情报杂志, 2011(7)：8-12.

[112]Michlmayr A , Rosenberg F , Leitner P , et al.Comprehensive QoS monitoring of Web services and event-based SLA violation detection. 2009.DOI:10.1145/1657755.1657756.

[113]郭梦颖, 监控系统中间件的研究与实现. 北京：北京邮电大学，2019.

[114]吴非, 崔岩, 张建伟. 基于健康、养老大数据云计算服务平台的研究与应用. 中国发展, 2017，17(6)：68-71.

[115]张娟. 云计算环境下企业财务共享服务的构建及应用——以四川长虹为例. 会计之友, 2018，597(21)：136-140.

[116]卢加元. 中小企业云服务选择风险与应对策略研究. 南京社会科学, 2014，000(003)：57-61.